供电管理技术培训教材

供电电压及供电电压管理

主　编　国网天津市电力公司

图书在版编目(CIP)数据

供电电压及供电电压管理 / 国网天津市电力公司主编. —天津 : 天津大学出版社，2020.12
供电管理技术培训教材
ISBN 978-7-5618-6804-1

Ⅰ. ①供… Ⅱ. ①国… Ⅲ. ①供电—电压调整—研究 Ⅳ. ①TM714.2

中国版本图书馆 CIP 数据核字(2020)第 200530 号

出版发行 天津大学出版社
地　　址 天津市卫津路 92 号天津大学内(邮编:300072)
电　　话 发行部:022-27403647
网　　址 www.tjupress.com.cn
印　　刷 北京盛通商印快线网络科技有限公司
经　　销 全国各地新华书店
开　　本 185mm×260mm
印　　张 8.75
字　　数 219 千
版　　次 2020 年 12 月第 1 版
印　　次 2020 年 12 月第 1 次
定　　价 36.00 元

编 委 会

前　言

作为最便利的能源形式，电力能源被广泛应用于人类社会生活的各个领域，极大地促进了生产的发展和科技的进步。而随着信息科学、互联网技术及现代工业自动化的发展，用户对供电可靠性和供电质量的要求越来越高，优质供电和高可靠性供电是很多高端工业用户和精密终端设备正常运转的必要条件，任何供电扰动或极短时间的供电中断都可能会导致设备工作进程的中断、产品质量的下降或设备的损坏，甚至会导致整个工业流程的终止，给用户造成巨大的经济损失。同时，科技和现代工业的发展也使得现代电力系统的负荷构成越来越复杂，大量非线性负荷、冲击性负荷和波动性负荷接入电网，尤其是变频调速设备等电力电子设备的广泛应用，给电力系统的供电质量和供电可靠性带来了极大的挑战。另外，风力发电和光伏发电等新能源发电大规模接入电网，也给电网的系统稳定和供电可靠性带来了极大的挑战。供电可靠性和供电质量已经成为关系到电能生产制造、输送和终端消费的重要指标，直接关系到社会经济的发展和效益。

供电企业是保障供电可靠性和供电质量的主体，供电可靠性和供电电压合格率等指标是最能够体现其供电服务水平的指标，通过技术手段和管理手段提升供电可靠性和供电电压合格率是供电企业最重要的工作目标之一。在实际供电服务工作中，供电电压及供电电压管理问题体现在电网公司运营服务的各个环节中，运维、检修、调度、营销等各个岗位的电力员工都需要在供电电压管理工作中发挥其必要的作用。因此，对供电电压及供电电压管理的相关知识进行深入普及有着非常重要的意义。

国家电网公司全面践行“以人为本”的理念，致力于提升广大电力员工的专业能力和职业素养。为了提升广大电力员工对供电电压及供电电压管理知识的认识和理解，依托多年的供电电压研究和管理经验，结合相关理论和实际工作，组织相关人员编制了这本系统的、面向所有专业岗位的供电电压及供电电压管理培训教材。本书在编写过程中充分考虑了理论知识和实际工作的融合，对供电电压及供电电压管理方面的理论、标准、方法和规范按照各个业务方向的实际需求进行了提炼总结，以便使读者能较快地对供电电压及供电电压管理有一个全面的了解。

本书第一章简单分析描述了供电电压质量及供电电压管理的基本概念、定义、标准等；第二章分析解读了供电电压质量问题的诱因和传播特点，介绍了供电电压质量问题对电网和用户的影响；第三章结合管理学相关理论对主要的供电电压管理规定和文件进行了解读；第四章介绍了包括供电电压监测、供电电压计算和评估、供电电压质量与无功管理等供电电压管理的技术措施；第五章描述了供电电压质量问题可能给供电服务工作带来的服务管理风险，并根据风险管理原则推导出了可实施的供电服务风险管理方法。

目　　录

第一章　供电电压及供电电压管理综述

供电电压，指的是供电企业供给的电能的电压指标，定义为在供电端相对相或相对中性导体的电压。

本章将简要论述供电电压质量的概念、指标、内涵及外延和相关标准；介绍供电电压管理的概念、内容、依据、意义、相关规定和文件。本章的目标是为读者建立供电电压及供电电压管理的知识架构，协助读者为进一步深入了解供电电压和供电电压管理相关知识奠定基础。

第一节　供电电压质量概述

电力作为一种特殊的商品，其商品属性决定了必须有一种指标来衡量电力这种特殊商品的可用性。为此，电力从业者提出了电能质量的概念，并提出且逐步完善了响应的标准和体系。电能质量是与电力系统安全经济运行相关的且能够对用户正常生产工艺过程及产品质量产生影响的电力供应的综合技术指标描述，它涉及电压电流波形形状、幅值及其频率三大基本要素。

一、供电电压质量概念

供电电压质量是指按照国家标准或规范对电力系统电压的偏差、波动、波形及其三相对称性的一种质量评估体系，即实际电压与理想电压之间的偏差。供电电压质量包括大多数电能质量问题，但不包括频率造成的电能质量问题，也不包括用电设备对电网电能质量的影响和污染。供电电压质量是反映电能质量的重要指标，通常情况下，采用供电电压质量来衡量供电企业提供的电能是否合格。

电力发展之初，电力系统的发电侧、电网和负荷情况都相对简单，对供电电压质量的关注点也很单纯，只关注供电电压的幅值和频率特性，而且当时也没有明确的指标体系。随着科技的进步和工业现代化的发展，电力生产、输送和消费的所有环节都发生了巨大的变化，对供电电压质量的要求也越来越复杂，越来越具体。

影响供电电压质量的因素众多，包括发电侧的发电设备情况、电网结构、电网运行方式、电网设备运行情况、环境气候情况、负荷情况、供电企业系统管理维护水平等，都会对供电电压质量造成影响。所以，研究供电电压质量和供电电压管理，不应该局限于供电电压本身，应该把提高电能质量与提升供电服务水平和增强市场竞争能力结合起来，研究如何从技术、经济、管理、服务等多个角度保证优质的供电电压质量，提高供电电压可靠性和供电电压合格率。

二、供电电压质量的技术指标

一般情况下，供电电压质量的优劣可以用电能质量指标中除频率偏差和电流质量外的所有指标来衡量，即以供电电压偏差、电压波动和闪变、电压谐波畸变率、三相电压不平衡度、电压暂升及暂降和短时中断等项指标来衡量。

（一）供电电压偏差

供电电压偏差是反映供电电压质量最直接的指标，也是供电企业进行供电电压管理和考核的最有效的指标。供电电压偏差是指在某一时段内，电压幅值缓慢变化而偏离额定值的程度，以电压实际值与额定值之差 ΔU 或其百分值 $\Delta U\%$ 来表示，即

$$\Delta U = U - U_e$$

或

$$\Delta U\% = (U - U_e)/U_e \times 100\%$$

式中 U——监测点上电压实测值；

U_e——监测点电网电压的额定值。

（二）电压波动和闪变

在某一时段内，电压急剧变化而偏离额定值的现象，称为电压波动。电压波动程度以电压在急剧变化过程中，相继出现的电压最大值与最小值之差或其百分比来表示，即

$$\delta U = U_{max} - U_{min}$$

或

$$\delta U\% = \frac{U_{max} - U_{min}}{U_e} \times 100\%$$

式中 U_e——系统额定电压；

U_{max}、U_{min}——某一时段内电压波动的最大值与最小值。

周期性电压急剧变化引起电光源光通量急剧波动而造成人眼视觉不舒适的现象，称为闪变。通常用引起闪变刺激性程度的电压波动值——闪变电压限值 ΔU_t，或电压调幅波中不同频率的正弦分量的均方根值，等效为 10 Hz 值的 1 min 平均值——等效闪变值 ΔU_{10} 来表示。电力系统供电点由冲击功率产生的闪变电压应小于 ΔU_{10} 或 ΔU_t 的允许值，否则将会出现闪变。

（三）电压谐波畸变率

电力系统中存在大量阻抗特性为非线性的供用电设备，这些设备向公共电网注入谐波电流或在公共电网中产生谐波电压，称为谐波源。谐波源会使电网电压波形偏离正弦波，这种现象称为电压波形畸变，通常以电压谐波畸变率来表征。电压谐波畸变率（THD）以各次谐波电压的均方根值与基波电压有效值之比的百分数来表示，即

$$THD_U = \sqrt{\sum_{n=2}^{\infty}(U_n)^2}/U_1 \times 100\%$$

式中 U_n——第 n 次谐波电压有效值；

U_1——基波电压有效值。

(四)三相电压不平衡度

三相电压不平衡度ε 表示三相电压不平衡的程度，通常以三相基波负序电压有效值与额定电压有效值之比的百分数来表示，即

$$\begin{cases}\varepsilon_{U2}=\dfrac{U_2}{U_1}\times 100\% \\ \varepsilon_{U0}=\dfrac{U_0}{U_1}\times 100\%\end{cases}$$

式中　U_1——基波正序电压有效值；

U_2——基波负序电压有效值；

U_0——零序电压有效值。

(五)电压暂升、暂降和短时中断

1. 电压短时中断

当系统发生接地等严重故障，监测点供电电压低于 0.1 p.u.(标公值)，持续时间不超过 1 min 时，我们认为发生了电压短时中断。

电压短时中断持续时间主要由保护装置和开关的动作时间决定，一般情况下，重合闸将电压中断时间限定在工频下的 30 周波以内。

2. 电压暂降

当系统发生故障，电力系统中某点工频电压有效值暂时降低至额定电压的 10%～90%(即幅值为 0.1～0.9 p.u.)，并持续 10 ms～1 min 时，此期间内系统频率仍为标称值，然后又恢复到正常水平的现象，称为电压暂降。电力系统中也将电压暂降称为电压跌落、电压骤降等。

多数情况下，故障点距离监测点的电气距离往往是决定电压暂降幅度的决定因素。在电压暂降的描述过程中，往往容易出现量化标准的混淆。例如“发生 30%暂降”，如果没有特别的说明，应该是指电压均方根值下降了 30%，暂降发生时，实际电压均方根值为0.7 p.u.。

3. 电压暂升

电压暂升是指电力系统中某点工频电压有效值暂时升高至额定电压的 110%～180%(即幅值为 1.1～1.8 p.u)，并持续 10 ms～1 min，此期间内系统频率仍为标称值，然后又恢复到正常水平的现象。电力系统中也将电压暂升称为瞬态过电压。

电压暂升绝大多数情况与系统故障或发电端故障相关，如非接地系统的单相短路故障、大容量无功补偿设备的异常运行等。电压暂升现象在电力系统中发生的频率远小于电压暂降，电压暂升的幅度与故障点和监测点的电气距离、系统阻抗和接地方式等相关。

另外，评价供电电压质量还有一个指标即供电可靠性，供电可靠性即电力系统长期运行的满意程度，描述电力系统在长期运行条件下向用户提供持续的、稳定的、充足的电力服务的能力。可靠性指标是电力系统设计、运行管理的总体追求目标。供电可靠性指标反映了电力工业对国民经济电能需求的满足程度，已经成为衡量一个国家经济发达程度的标准之一。供电可靠性可以用以下一系列指标加以衡量：供电可靠率、用户平均停电时间、用户平均停电次数、系统停电等效小时数。我国一般城市地区供电可靠率达到了 3 个 9(即99.9%)

以上,用户年平均停电时间≤8.76 h;重要城市中心地区供电可靠率达到了4个9(即99.99%)以上,用户年平均停电时间≤53 min。

每年年中,国家能源局和中国电力企业联合会会联合发布上一年度的供电可靠率情况。

三、提升供电电压质量的意义

高标准的供电电压质量是一个优秀的供电企业最直接的表征,代表该供电企业的技术水平和服务水平。同时,供电电压质量的高低也是一个国家工业发展程度、科技水平和社会文明程度的表现。尤其是在信息化和数字技术高速发展的今天,高标准的供电电压质量是社会和工业正常运转的必要条件,也是提升用电效率、加强节能降损、改善电气环境、提高国民经济的总体效益以及工业生产可持续发展的技术保证。当前,在电力改革全面推进的大环境下,电力工业面向市场经济,引进竞争机制,以实现最小化成本与最大化效益,供电电压质量的优劣已经成为衡量电力企业管理和服务水平高低的重要标准,优质的供电电压质量可以极大地提升供电企业的行业竞争力。

第二节　供电电压质量相关标准

保障供电电压质量,必须遵照统一的、基本的技术规范和标准。从20世纪六七十年代开始,世界各国几乎都制定了有关供电频率和电压允许偏差的计划指标,部分国家还制定了限制谐波、电流畸变、电压波动等的推荐导则。近十几年来,随着技术交流和经济活动国际化进程的加速,世界各国制定的与供电电压质量相关的标准正在与IEEE(电气和电子工程师协会,全称是Institute of Electrical and Electronics Engineers)和IEC(国际电工委员会,全称是International Electrotechnical Commission)等国际权威专业委员会推荐标准及相应的试验条件等接轨,逐步实现标准的完整与统一。我国自20世纪80年代开始,针对电能质量展开了持续而深入的研究,在参照IEEE和IEC的相关标准和规范的基础上,充分结合我国电网实际情况和发展历程,制定了九项电能质量系列标准,其中与电压质量相关的部分,可以认为是供电电压质量相关工作的指导文件和技术依据。

一、IEEE关于供电电压质量的标准

IEEE关于供电电压质量的标准归属于其电能质量专委会,IEEE电能质量专委会(Power Quality Subcommittee)成立于2002年,下设多个工作组。目前,IEEE拥有一套完整的电能质量标准体系,制定了包括电能质量术语、限值、测量(包括仪器、数据交换等)、评估、控制等方面的系列标准,在这个体系中包含了与供电电压相关的标准。单纯从技术角度讲,IEEE关于供电电压质量的标准属于最完备的标准体系。

表1-1从典型频谱、典型持续时间和典型电压幅值角度描述了IEEE供电电压质量相关标准中对供电电压质量问题的特征描述。

表 1-1　IEEE 标准中对供电电压质量问题的特征描述

类　别			典型频谱	典型持续时间	典型电压幅值
短时间电压变动	瞬时	暂降		0.5～30 周波	0.1～0.9 p. u.
		暂升		0.5～30 周波	1.1～1.8 p. u.
	暂时	中断		0.5 周波～3 s	<0.1 p. u.
		暂降		30 周波～3 s	0.1～0.9 p. u.
		暂升		30 周波～3 s	1.1～1.4 p. u.
	短时	中断		3 s～1 min	<0.1 p. u.
		暂降		3 s～1 min	0.1～0.9 p. u.
		暂升		3 s～1 min	1.1～1.2 p. u.
长时间电压变动	持续中断			>1 min	0 p. u.
	欠电压			>1 min	0.8～0.9 p. u.
	过电压			>1 min	1.1～1.2 p. u.
电压不平衡				稳态	0.5%～2%
波形畸变	直流偏置			稳态	0～0.1%
	谐波		0～100th	稳态	0～20%
	间谐波		0～6 kHz	稳态	0～2%
	陷波			稳态	
	噪声		宽带	稳态	0～1%
电压波动			<25 Hz	间歇	0.1%～7%
工频变化				<10 s	

二、IEC 关于供电电压质量问题的描述

在 IEC 中，包括供电电压质量在内的电能质量议题主要划归为 IEC TC8(Systems aspects for electrical energy supply)。IEC 中对供电电压质量的描述主要从电气设备的电磁兼容角度切入，例如 IEC 61000 系列标准规范了电气设备的电磁扰动发射限值、抗扰度限值；同时为了协调特定环境下设备发射限值与抗扰度限值的设定，确保该环境中电气设备在满足发射限值及抗扰度限值基础上的安全运行，特制定了兼容限值。在 IEC 标准体系中，与供电电压质量相关的标准很多，大多数标准都有涉及，对这些相关的标准进行梳理，可以总结出与供电电压质量相关的特征描述，见表 1-2。

表 1-2 主要从限值角度描述供电电压质量问题，IEC 中对于供电电压质量问题的限值规定主要从电气设备的电气兼容特性考虑，面向中低压电力系统(低压系统(≤1 kV)，中压电力系统(>1 kV 且≤35 kV))做出规定。

表 1-2　IEC 中对于供电电压质量问题的特征描述

供电电压质量问题	描　述
电压波动和闪变	正常情况下，电压波动不大于标称供电电压的 3%；短期闪变(10 min)$P_{st}=1$，长期闪变(2 h)$P_{lt}=0.8$

续表

供电电压质量问题	描 述
电压谐波	3 次谐波 5%;5 次谐波 6%;7 次谐波 5%;11 次谐波 3.5%;13 次谐波 3%;总谐波畸变 8%。对于很短效应(3 s 以内),将上列值乘以 k 作为兼容水平,$k=1.3+\frac{0.7}{45}\times(h-5)$,总谐波畸变为 11%。以上仅摘录了若干奇次谐波兼容值,详细规定见标准文本
电压间谐波	涉及间谐波电压的电磁扰动问题仍在研究中。相关标准中给出的兼容水平仅对于工频(50 Hz 或 60 Hz)附近使供电电压幅值调制而导致闪变的现象而言,对于 $P_{st}=1$,图示了间谐波电压幅值和拍频关系
电压暂降和短时中断	此是随机事件,电压暂降的影响随着暂降深度和持续时间而增加,故为二维扰动现象。大多数电压暂降持续时间为 0.5 周波至 1 s;由架空线馈电的农村地区每年电压暂降次数可达几百次,而由电缆电网供电为 10～100 次。短时中断往往由电压暂降发生而致。目前尚无足够资料确定兼容水平,详见 IEC 61000-2-8
电压不平衡	负序分量为正序分量的 2%;在某些地方,特别是有大的单相负荷连接处,可达到 3%
瞬态过电压	就幅值和能量含有而论,考虑到瞬态过电压不同的来源(主要是雷电和操作冲击波),未规定兼容水平。关于绝缘配合见 IEC 60664-1(IEC60071)
短时工频变化	短时频率变化为±1 Hz;稳态的频率偏差要小得多(某些设备对频率变化率很敏感)
直流(DC)分量	公用供电系统的电压一般直流分量很小,但当连接某些不对称控制的负荷以及诸如地磁暴这类不可控事件发生时,DC 分量会明显增大。DC 电压取决于 DC 电流及网络阻抗。尚未规定 DC 电压的兼容水平

三、供电电压质量相关国标

我国的国标体系中,关于供电电压质量的标准主要体现在电能质量的系列标准中。目前,我国已有九项电能质量国家标准,包括:GB/T 32507—2016《电能质量 术语》,GB/T 12325—2008《电能质量 供电电压偏差》,GB/T 15945—2008《电能质量 电力系统频率偏差》,GB/T 15543—2008《电能质量 三相电压不平衡》,GB/T 12326—2008《电能质量 电压波动和闪变》,GB/T 14549—1993《电能质量 公用电网谐波》,GB/T 24337—2009《电能质量 公用电网间谐波》, GB/T 30137—2013《电能质量 电压暂降与短时中断》,GB/T 18481—2001《电能质量 暂时过电压和瞬态过电压》。

(一)GB/T 12325—2008《电能质量 供电电压偏差》

供电电压偏差是电能质量的一项基本指标。合理确定该偏差对于电气设备的制造和运行以及电力系统的安全和经济都有重要意义。允许的电压偏差较小,有利于供用电设备的安全和经济运行,但为此要改进电网结构,增加无功电源和调压装备,同时要尽量调整用户的负荷。另外,供用电设备的允许电压偏差也反映了设备的设计原则和制造水平。若允许电压偏差大,要求设备对电压水平变化的适应性强,这就需要提高产品性能,往往要增加设备的投资。对于一般电工设备,电压偏差超出其设计范围时,直接影响是恶化运行性能,并会影响其使用寿命,甚至会造成设备在短时内损坏;间接影响是可能波及相应的产品生产质量和数量。因此,电压允许偏差标准的确定是一个综合的技术经济问题。

本标准分别就 35 kV 及以上和 20 kV 及以下三相供电、220 V 单相供电电压允许偏差做了规定：35 kV 及以上供电电压正、负偏差的绝对值之和不超过额定电压的 10%；20 kV 及以下三相供电电压允许偏差为额定电压的±7%；220 V 单相供电电压允许偏差为额定电压的+7%、−10%。

(二)GB/T 15543—2008《电能质量 三相电压不平衡》

电力系统三相电压平衡程度是电能质量的主要指标之一。三相电压不平衡过大将导致一系列危害。国家标准 GB/T 15543−2008《电能质量 三相电压不平衡》是针对高压电力系统正常工况下电压不平衡而制定的。这种电压不平衡主要是由三相负荷不对称引起的。电气化铁路、交流电弧炉、电焊机和单相负荷等均是三相不对称负荷。

1. 本标准的适用范围

本标准规定了三相电压不平衡度的限值、计算、测量和取值方法。本标准只适用于负序基波分量引起的电压不平衡场合，国际上绝大多数有关电压不平衡的标准均是针对负序分量制定的，因此本标准暂不规定零序电压不平衡限值。

此外，本标准只适用于电力系统正常运行方式下的电压不平衡，故障方式引起的电压不平衡不在考虑之列。

2. 电压不平衡度的允许值

本标准 4.1 条规定，电力系统公共连接点电压不平衡度限值为：电网正常运行时，负序电压不平衡度不超过 2%，短时不得超过 4%。这是基于对重要用电设备(旋转电机)标准，电网电压不平衡度的实况调研，国外同类标准以及电磁兼容标准全面分析后选取的。

(三)GB/T 12326—2008《电能质量 电压波动和闪变》

为了控制电压波动和闪变的危害，我国早在 1990 年就颁布了国家标准 GB 12326—1990《电能质量 电压允许波动和闪变》。历年来，在贯彻标准过程中积累了相当的经验，同时也发现原标准中存在一些问题，所以电能质量标委会组织对 1990 年版本标准进行了修订。2008 年修订的国标 GB/T 12326—2008，于 2009 年 5 月 1 日起实施。

1. 电压波动和闪变的限值

本标准规定电压波动限值与变动频度 r 及电压等级有关，见表 1-3。

表 1-3　电压波动限值

r/h^{-1}	$d/\%$		r/h^{-1}	$d/\%$	
	LV、MV	HV		LV、MV	HV
$r \leqslant 1$	4	3	$10 < r \leqslant 100$	2*	1.5*
$1 < r \leqslant 10$	3	2.5	$100 < r \leqslant 1\,000$	1.25	1

注

1. 很少的变动频度 r(每日少于 1 次)，电压变动限值 d 还可以放宽，但不在本标准中规定。
2. 对于随机性不规则的电压波动，依 95%概率大值衡量，表中标有“*”的值为其限值。
3. 本标准中系统标称电压 U_N 等级按以下划分：

低压(LV)$U_N \leqslant 1$ kV；

中压(MV)1 kV$< U_N \leqslant 35$ kV；

高压(HV)35 kV$< U_N \leqslant 220$ kV。

220 kV 以上系统的电压波动限值可参考高压(HV)执行。

标准规定波动负荷引起的长时间闪变值 P_{lt} 应满足表 1-4 所列的限值。

表 1-4　长时间闪变值 P_{lt}

系统电压等级	LV	MV	HV
P_{lt}	0.8	0.7(0.8)	0.6
注 1. 本标准中 P_{lt} 每次测量周期取为 2 h。 2. MV 括号中的值仅适用于 PCC 连接的所有用户为同电压级的用户场合。			

(四)GB/T 14549—1993《电能质量 公用电网谐波》

1993 年 7 月 31 日国家技术监督局颁布了国家标准 GB/T 14549—1993《电能质量 公用电网谐波》,并于 1994 年 3 月 1 日实施。该标准规定了公用电网谐波的允许值及其测试方法,适用于交流额定频率为 50 Hz、标准电压 110 kV 及以下的公用电网,220 kV 及以上的公用电网可参照 110 kV 执行。该标准不适用于暂态现象和短时间谐波。

1. 低压电网电压总谐波畸变率限值

低压电网电压总谐波畸变率是确定中压和高压电网电压总谐波畸变率的基础,国标中对其限值定为 5%,主要是根据对交流感应电动机的发热、电容器的过电压和过电流的能力、电子计算机、固态继电保护及运动装置对电源电压的要求,并参考了国外谐波标准的规定。

2. 6～220 kV 各级电网电压总谐波畸变率

采用典型的供电系统,考虑上级电网谐波电压对下级的传递(传递系数取 0.8)。当低压电网总谐波畸变率为 5%时,随着电压等级的提高,各级电压总谐波畸变率逐渐减小。具体为:6 kV 和 10 kV 约 4%;35 kV 和 66 kV 约 3%;110 kV 则 1.5%～1.8%。考虑到电网的实际谐波状况,将 110 kV 的标准定为 2%,其余各级标准就取上列计算近似值。至于各次谐波电压含有率的限值,本标准中大体上分为奇次谐波和偶次谐波两大类,后者为前者的 1/2,而奇次谐波电压含有率限值均取 80%电压总谐波畸变率。

3. 用户注入电网的谐波电流允许值

分配给用户的谐波电流允许值应保证各级电网谐波电压在限值之内。

(五)GB/T 24337—2009《电能质量 公用电网间谐波》

本标准是目前世界上把间谐波作为电能质量指标单独制定的唯一标准,这主要是从标准可操作性方面考虑的。

1. 限值的考虑

间谐波的限值标准主要参考 IEC 和 IEEE 相关标准中的规定。国标 GB/T 24337—2009《电能质量 公用电网间谐波》中的限值见表 1-5。

表 1-5　220 kV 及以下电力系统公共连接点各次间谐波电压含有率限值

电压等级	频率/Hz	
	＜100	100～800
1 000 V 及以下	0.2	0.5
1 000 V 以上	0.16	0.4

对于接于 PCC 点的单一用户引起的各次间谐波电压含有率一般不超过表 1-6 所列限值。

表 1-6　单一用户引起的各次间谐波电压含有率限值

电压等级	频率/Hz	
	<100	100～800
1 000 V 及以下	0.16	0.4
1 000 V 以上	0.13	0.32

（六）GB/T 18481—2001《电能质量 暂时过电压和瞬态过电压》

暂时过电压和瞬态过电压是由电力系统运行操作、受雷击、发生故障等原因引起的，是供电特性之一。GB/T 18481—2001《电能质量 暂时过电压和瞬态过电压》规定了对作用于电气设备的暂时过电压和瞬态过电压的要求、电气设备的绝缘水平及过电压保护方法，并对过电压的相关术语、定义做了比较详尽的论述。

1. 本标准的适用范围

本标准规定了对暂时过电压和瞬态过电压的要求。由于暂时过电压和瞬态过电压主要和电气设备绝缘选择有关，也和所采用的保护方法有关，因此将本标准的适用范围限定在“交流电力系统中作用于电气设备的暂时过电压和瞬态过电压要求、电气设备的绝缘水平以及过电压保护方法”。本标准中仅选取了引用标准中的少量条文，实际执行中必须参照相关的专业标准，这在标准条文中已做了明确说明。同时，将由其他原因如静电、触及高压系统以及稳态波形畸变（谐波）造成的过电压排除在外。

2. 系统或设备按照最高电压的范围划分

GB 311.1—2012《绝缘配合第 1 部分：定义、原则和规则》中将高压输变电设备按最高电压 U_m 分为两个范围：范围Ⅰ，1 kV<U_m≤252 kV；范围Ⅱ，U_m>252 kV。而低压设备，在各种标准中均规定为额定电压不超过 1 000 V。将 U_m 做这样的划分，和过电压及绝缘配合的考虑有关，这从本标准附录表 A1、A2 中可以看出。但应指出，额定电压为 1 kV 的设备，其最高电压肯定超过 1 kV(GB/T 156—2017《标准电压》中对于低压设备 U_m 未做规定)。按 GB/T 156—2011 规定，高压系统最低一级标称电压为 3 kV(U_m 为 3.6 kV)，远大于 1 kV。GB/T 156—2011 和 GB/T 311.1—2012 对 35 kV 及以上电压等级的设备最高电压 U_m 规定基本上一样，而对 35 kV 以下电压等级的设备，GB/T 156—2017 的 U_m 略大。在本条中，必须说明 U_m 来源，所以加注说明是引用 GB/T 156—2017。

3. 电气设备上作用的过电压及其要求

本条款是标准的核心内容，分 6 大条 18 小条，分别对过电压分类，过电压的标公值表示，暂时过电压（工频过电压、谐振过电压）及其要求，瞬态过电压（操作过电压、雷电过电压）及其要求等做了相关的规定（包括产生原因、正常数值范围及特点），并对运行中监测各类过电压提出原则性要求，最后对电气设备（装置）在过电压作用下运行安全性的影响因素做了概括，有助于对标准各部分关系的理解，以利于标准的正确贯彻执行。

（七）GB/T 30137—2013《电能质量 电压暂降与短时中断》

GB/T 30137—2013《电能质量 电压暂降与短时中断》在我国属于首次制定，编制时综合了 IEC 和 IEEE 等国际组织的相关规定，参考了国内外较为成熟的研究成果，并结合了我国电压暂降工作开展的实际情况。

1. 限值

目前，国内外对电压暂降与短时中断的事件统计数据较缺乏，这实际上也难以给出统一的限值，故具体限值不予给定。本标准中给出了电压暂降与短时中断的事件统计表形式，可以更全面和更规范地进行事件统计数据的收集工作。

2. 事件统计及其推荐指标

本标准中采用修正的 IEC 61000-2-8 推荐表，将起始值由 1 周期改为 0.5 周期，即 0.01 s，并只统计 1 min 内的事件，同时考虑了对短时中断的统计。表征电压暂降的特征量主要为有效值变化及电压暂降持续时间，因此衡量电压暂降的指标主要采用 SARFI 指数(System Average RMS Variation Frequency Index)。它有两种形式：一种是针对某一阈值电压的统计指数 SARFI(阈值不一定用 0.9 p.u.，可由供用电双方协商确定)；另一种是针对某一设备的敏感曲线的统计指数 SARFI(curve)。

3. 本标准的附录

本标准有两个资料性的附录：附录 A 为容限曲线，分别引入美国 CBEMA、ITIC 和 SEMIF47 曲线，这些曲线可作为判断电压暂降事件对计算机及其控制装置、半导体加工生产线等敏感性负荷危害的参考，目前在国际上广为流传，其中 ITIC 曲线是 CBEMA 曲线的改进版，使用更为方便；附录 B 为临界距离与暂降域，临界距离即通过系统计算分析，从电压暂降幅值确定暂降发生时敏感负荷可能受到影响的范围。

四、小结

本节介绍的与供电电压质量相关的标准是供电电压质量相关管理和服务工作的基础和依据，在实际供电管理工作中，往往只将各个标准的限值部分提取出来作为考核的依据。

而且，由于供电企业中专业分工明确，通常情况下，对于供电电压的管理指的是对供电电压偏差指标的管理，即与电压合格率相关的管理，而全面的供电电压质量问题归口到电能质量管理体系中。

第三节　供电电压管理概述

本节介绍供电电压管理的概念、目标、内容、标准、意义(必要性)。

供电电压管理，是指供电企业为了保证供电电压合格率达标而采取的技术措施和管理措施以及相应的管理制度和管理行为。供电电压指标是衡量供电企业技术水平、服务水平和管理水平的重要指标，供电电压管理工作是供电企业最重要的工作内容之一。

一、供电电压管理的内容和目标

供电电压管理涉及电网建设管理、生产运行、营销管理、无功管理等环节。在电网建设管理方面，需要在规划设计环节充分考虑供电电压管理的需求，编制和实施全网无功电压规划。在生产运行环节，需要健全供电电压管理体系和管理制度，完善供电电压指标管理和考核体系；需要做好供电电压监测和管理工作，做到电网经济运行。在无功管理环节，需要科学调整变压器分接头开关，科学控制无功补偿装置运行方式和运行状态工作。在营销管理环节，需要供电电压管理与客户服务有机结合，做好干扰源用户和电压敏感用户的管理工作；加强对影响电压质量因素的分析和控制。另外，进行供电电压管理工作，还需要不断地推广应用新技术、新设备，提升供电电压管理的技术手段的效率，同时加大从业人员的培训管理，提高供电电压管理人员的素质水平。

供电电压管理的目标是保证供电电压偏差值在规定范围内，供电点的电压合格率达到或高于相关规定或与用户合同约定的指标要求。

供电电压管理的内容主要分为对供电电压合格率的管理和考核、对供电电压监测点和监测系统的管理和考核、对无功补偿设备及有载调压的管理和考核等内容。其中，对供电电压合格率的管理和考核包括对综合电压合格率和对 A、B、C、D 四类考核点电压合格率的管理和考核；对供电电压监测点和监测系统的考核主要是对监测点覆盖率、运行情况和数据完整性等进行管理和考核；由于供电企业中对无功补偿设备和有载调压一般由单独的岗位负责，所以对无功补偿设备及有载调压的管理和考核通常单独进行，但其与供电电压管理工作强相关。

二、供电电压管理相关的管理学依据

供电电压的全流程管理过程中，涉及精细化管理理论、激励理论和 PDCA 循环理论。这三种管理学理论，保证了供电企业进行供电电压管理工作的高效性。

（一）精细化管理理论

弗雷德里克·泰勒的《科学管理原理》是世界上第一本精细化管理著作，它将精细化管理的理念引入生产过程的每一个环节。随着社会分工的精细化和服务质量的精细化推进，企业管理的精细化成为现代管理的必然要求。作为一种先进的管理理念和管理技术，精细化管理通过规则的系统化和细化、运用的程序化和标准化等手段，使企业的组织管理更加精确、高效。首先，精细化管理需要落实管理责任，将各级、各专业的管理责任具体化、明确化，要求企业的每一个管理者、每一位员工都要到位、尽职。其次，精细化管理是将企业的战略和目标分解细化，并确保企业的战略规划能有效贯彻执行的过程，其本质就是按照精细的思路，分析企业现状，找准关键问题和薄弱环节，制定阶段计划，完善管理体系，规范制度、流程，推动规范性和创新性相结合，最终提升整体绩效。最后，精细化管理涉及企业生产和管理过程中的每一个环节，只有实现对各环节的有效管控，才能营造一个规范、高效的精细化管理平台。

（二）激励理论

激励理论是研究人的需要的产生、分类及调动人的动机的原则及其方法。它包括了需求层次理论、过程激励理论和行为后果理论等主要内容。对于企业来说，激励理论的运用就是通过构建与企业发展相适应的员工期望值及创建相对公平合理的环境，不断激发员工的正确行为动机，调动员工的积极性和创造性，从而使员工做出最大绩效。同时，激励机制是一把双刃剑，用得好能够促进公司蓬勃发展，用得不好反而会阻碍公司发展壮大。

（三）PDCA 循环理论

PDCA 是由英语单词 Plan（计划）、Do（执行）、Check（检查）和 Act（修正）的第一个字母组合而成，PDCA 循环是指按照计划—执行—检查—修正的顺序进行质量管理，在确保质量螺旋上升的基础上，循环往复、不断提升的科学程序。各阶段定义如下。

P(plan)是指项目的目标、实施计划的确定和具体执行措施的制定。

D(do)是指根据既定目标，计划具体的实现方法和措施，并严格执行各项措施以实现计划目标。

C(check)是指总结措施执行情况和获得的结果，分析总结取得的成效和存在的问题。

A(act)是指根据检查的成果进行提炼和总结，对于有效的、成功的方式、方法予以肯定，并提炼形成标准和制度；对于错误的、失败的经验也要总结，并力求改善和提高，且在下一个PDCA循环中去实践和解决。

以上四个过程需要贯穿于整个生产或考核周期，并在企业的生产经营活动中周而复始地进行，通过每一次的循环，解决一些问题，获取一定提升，实现螺旋式上升。

PDCA循环是实践全面质量管理必须遵循的科学程序，是全面质量管理的核心思想。企业生产经营的全过程管控就是效益提升计划的制定和组织实施并最终实现的过程，这个过程最有效率的实施方式就是PDCA循环，周而复始、螺旋上升。

PDCA循环不仅适用于质量管理体系，对于一切循序渐进的管理工作都非常有效。

三、供电电压管理的制度依据

供电企业进行供电电压管理需要依据相关的规定或文件执行。一方面，需要遵循能源监管部门制定的相关规定、文件或标准；另一方面，需要遵照供电企业的相关管理规定和文件执行。

(一)《供电营业规则》

为加强供电营业管理，建立正常的供电营业秩序，保障供用电双方的合法权益，根据《电力供应与使用条例》和国家有关规定，制定了《供电营业规则》。《供电营业规则》规定的是供电营业秩序和电力市场的管理，主要包括受电设施的建设和维护管理、供电质量和供电安全，电网的建设、用电的计量和电费的计算与收取，供电合同的具体事项以及违约责任，还有关于窃电的防止与管理。《供电营业规则》保障了供电单位和供电市场的正常运转，从而保证了生活、生产用电的安全和稳定。

《供电营业规则》是供电企业制定供电电压管理规定和文件的依据之一，尤其是其中关于供电质量和供电安全、供电合同等方面的条款。

(二)《供电监管办法》

国家电监会2009年11月26日签发第27号《国家电力监管委员会令》，颁布《供电监管办法》(以下简称《办法》)。该《办法》自2010年1月1日起施行，2005年6月21日发布的《供电服务监管办法(试行)》同时废止。

该《办法》根据《电力监管条例》和国家有关规定制定，旨在规范供电行为，维护供电市场秩序，保护电力使用者的合法权益和社会公共利益。该《办法》共五章40条，对供电服务监管的目的、对象和原则，监管内容、监管措施以及罚则等做了明确规定。该《办法》对电力监管机构如何监管供电企业的供电能力、供电质量、社会普遍服务义务、供电安全、电价政策和收费标准等方面的内容做了明确规定。

(三)《电力系统电压和无功电力技术导则》

SD 325—1989《电力系统电压和无功电力技术导则》是 1989 年中华人民共和国能源部签发的文件，规定了电力系统各母线和用户受电端电压的允许偏差值及电压与无功调整的技术措施。2017 年，国家能源局组织发布了 DL/T 1773—2017《电力系统电压和无功电力技术导则》这一电力行业标准，作为 1989 年版技术导则的替代版。

DL/T 1773—2017《电力系统电压和无功电力技术导则》总结了 SD 325—1989 实施以来我国电力系统规划、运行的经验，汲取了电网管理及运行维护单位的意见，结合科学技术进步、电网规模扩大、新设备投入等特点，对 SD 325—1989 相应条文进行了深化和完善，增加了对 1 000 kV 交流系统无功补偿的相关要求；增加了对风电场、光伏发电站等新能源发电的相关要求；增加了对电力用户无功补偿的要求；增加了对各电压等级变电站无功补偿设备配置的相关要求。

(四)《国家电网公司供电电压管理规定》

《国家电网公司供电电压管理规定》是国家电网公司为了保证系统供电电压质量，根据国家有关法律法规和相关制度标准，制定的针对供电电压管理的指导性文件。

《国家电网公司供电电压管理规定》适用于国网公司总(分)部及所属各级单位的供电电压和无功补偿管理工作。本规定包括供电电压与无功补偿管理的职责分工、管理内容、工作要求、检查考核等方面的内容。《国家电网公司供电电压管理规定》直接规定和指导国网公司范围内的供电电压管理相关工作，同时也可以作为其他供电企业进行供电电压管理工作的重要参考。

(五)其他供电电压管理相关规定及文件

在《国家电网公司供电电压管理规定》执行的过程中，还制定了一系列的实施细则和技术规范，对实施过程中的管理流程、管理细节和技术指标等进行了详细的规定和解读。本节不做展开描述。

第四节　小　　结

本章对与供电电压质量相关的概念、定义、标准等内容进行了简单介绍，对供电电压管理的概念、内容、目标和依据进行了概括性描述。本章内容重点在于帮助读者建立供电电压管理的概念，明确供电电压、供电电压质量和供电电压管理之间的关联，为后续章节的学习建立基础。

第二章　供电电压质量

前述章节中已经对供电电压质量进行了概述性介绍，本章将展开介绍与供电电压质量相关的理论性和技术性内容。

虽然在供电电压管理工作中主要是对供电电压偏差或供电电压合格率指标进行管理，但事实上，各类供电电压质量问题的诱因、传播特点和影响等都有相通的地方或关联关系。所以，在实际的供电电压管理工作中，也需要对其他供电电压质量问题有一定了解，一方面，需要对与供电电压管理相关的工作对象进行专业上的甄别；另一方面，需要高效地、有针对性地解决遇到的供电电压质量问题。

本章内容包括引起供电电压质量问题的原因，供电电压质量问题在电网中的传播特征、供电电压质量问题对电网的影响和供电电压质量对用户的影响四个方面。

第一节　供电电压质量问题的诱因

电力系统中几乎所有的组成元素都可能是供电电压质量问题的诱因。

一、供电电压偏差的诱因

供电电压偏差超标的原因通常有无功功率不平衡、线路负载过重导致的线路压降过大、运行方式不合理等。

对于发电端系统，供电电压偏差超出限值经常与发电端发电及其附属设备的运行状态相关，尤其是风力发电、光伏发电和中小水力发电站密集接入的区域电网，由于远离负荷中心，当发电端出力较大时，经常会出现电压正偏差超标的情况。例如，江西婺源某小水电站在 35 kV 电压等级接入系统，在接入点辐射范围内经常出现用电设备过压保护动作或烧毁的情况，经监测发现，在丰水期，由于对小水电站的监管不足，导致小水电站满发时，发电端无功补偿设备缺位，并网点电压正偏差最大达到 15.3%；新疆某光伏电站，日间经常会出现电压偏差超标告警，经监测发现，电压偏差超标情况全部发生在光伏电站发电功率最大的时候。

对于输配电网及负荷侧，供电电压偏差超出限值的根本原因是负荷电流（包括有功电流和无功电流）在流经的电力系统元件中产生电压损失。

对于输配电线路而言，线路阻抗的大小取决于导线截面面积和供电距离，供电导线截面选择不当、线路过负荷运行和供电距离超过合理的供电半径，都可能会导致电压损失过大。

通常情况下，供电线路的截面面积需要根据设计容量选择，对不同电压等级的供配电线路规定了合理的输送距离和输送容量，电压等级、输送容量和输送距离的关系见表 2-1。

表 2-1　合理的输送距离和输送容量

线路电压/kV	线路种类	输送容量/kW	输送距离/km
0.23	架空线路	<50	0.15
	电缆线路	<100	0.2
0.40	架空线路	100	0.25
	电缆线路	175	0.35
6	架空线路	2 000	3～10
	电缆线路	3 000	<8
10	架空线路	3000	5～15
	电缆线路	5 000	<10
35	架空线路	2 000～10 000	20～50
66	架空线路	3 500～30 000	30～100
110	架空线路	10 000～50 000	50～150
220	架空线路	100 000～500 000	200～300

对于末端负荷侧，供电电压偏差通常是负偏差，电压偏差超标的原因与用户的用电行为有很大的相关性。用户无功补偿设备缺位或未采用自动补偿功能、用电功率因数过低、大容量的冲击性负荷和非对称性负荷的接入、调压措施缺乏或使用不当（如变压器分头摆放位置不当等）都可能导致供电点的供电电压偏差过大。

二、电压波动和闪变的诱因

电能质量标准中，将电压波动和闪变放在一个标准中进行说明，原因是电压波动和闪变虽然是两种现象，但通常相互关联。大多数情况下，闪变是由电压波动引起的，但两者的定义不能混淆，需要分别论述电压波动和闪变的诱因。

（一）电压波动的诱因

电压波动现象往往与用户负荷的剧烈变化有关，主要包括大型电动机的启动过程、带有冲击性负载的电动机工作过程、反复短时工作的大型负载和电弧炉的工作过程等。

对于鼠笼型的感应电动机和异步启动的同步电动机，启动电流往往会超过额定电流的4～6倍。一方面，这类电动机负载启动的启动电流流经线路及变压器，在流经的电网元件上引起的压降快速变化，使该电动机接入的母线产生快速、短时的电压波动；另一方面，电动机的启动过程的无功特性往往体现为很低的滞后功率因数，这可能会加剧母线电压的波动。大型电动机启动过程对于容量较小的电力系统影响尤其严重。

有些机械由于生产工艺的需要，其电动机负载是冲击性的，如冲床、压力机和轧钢机等。

它们的特点是负荷在工作过程中作剧增和剧减变化，并周期性地交替变更，伴随负荷周期性变化不可避免地产生电压波动。

对于大型电焊设备、吊车等起重设备，反复短时工作制负载引起的电压波动，其负载作周期性交替增减变化，但交替的周期不为定值，其交替的幅值也不为定值。以大型电焊设备为例，接触焊机的冲击负荷电流约为额定值的 2 倍，在电极接触时能达到额定值的 3 倍以上，其运行造成的电压波动影响范围往往只局限在该负荷接入点附近很小的范围内。

电弧炉在工作过程中，废钢和电极之间存在直接电弧，随着废钢的熔化必然引起电弧长度的变化，进而导致燃弧点移动，电弧极不稳定，电弧快速变动导致剧烈的电压波动。

此外，高、低压配电线路及电气设备发生短路故障时，若继电保护装置或断路器失灵，可能使故障持续存在，也可能造成越级跳闸。这样可能会损坏配电装置，造成大面积的停电，延长整个电网的电压波动时间并扩大波动范围。

(二)闪变的诱因

闪变的诱因通常和电压波动关联，也有研究表明，闪变与电力系统谐波和间谐波也有关联，而引起闪变的原因主要可以分为三类：一是电源引起闪变；二是负载的切换、电动机的启动引起闪变；三是冲击性负荷投入电网运行引起闪变。

电源引起电压闪变主要是指风力发电机发电时产生的闪变。这是因为风力发电机组的出力(输出功率)随风速变化而改变，随机性很大，造成功率的连续波动和暂态扰动，从而使电网产生电压波动和闪变。

冲击性负荷的种类很多，这些冲击性负荷的特性又各有差异，它们产生的闪变情况差异很大。例如，电弧炉负荷所产生的电压闪变的频谱范围集中在 1～14 Hz，且其频率分量的幅值基本上与其频率成正比，此频谱正处于人类视觉敏感区域，引起的闪变最严重；可控硅整流供电的大型轧机，其负荷虽然很大，但与电弧炉负荷相比，其变化要慢得多，因此视感度系数很小，引起的闪变效应不是很严重。一般情况下，国内外关于负荷的闪变限值等规定主要是针对电弧炉而言的，只要能满足电弧炉的标准，一般就能满足对其他类型负荷的要求。

三、电力系统三相电压不平衡的诱因

电力系统三相电压不平衡是电力系统中一类常见现象，在低压终端电网中尤其普遍，但通常情况下不超过标准规定的限值。三相电压不平衡从诱因角度区分，可以分为事故性不平衡和正常性不平衡两大类。其中，事故性不平衡由系统中各种非对称性故障引起，如单相接地短路、两相接地短路或两相相间短路等，事故性不平衡一般需要保护装置切除故障元件，经故障处理后才能重新恢复系统运行；而正常性不平衡是指电力系统在正常运行方式下，供电环节的不平衡或用电环节的不平衡都将导致电力系统三相不平衡。

供电环节所涉及的三相元件主要有发电机、变压器和线路等。由于三相发电机、变压器等设备通常具有良好的对称性，因此供电系统的不平衡主要来自供电线路的不平衡。当线路的各相阻抗和导纳分别相等时，称该线路处于平衡状态；反之，线路处于不平衡状态。用电环节的不平衡是指系统中三相负荷不对称和事故所引起的系统三相不平衡。三相负荷不对称是系统三相不平衡的最主要因素。产生三相负荷不对称的主要原因是单相大容量负荷

（如电气化铁路、电弧炉和电焊机等）在三相系统中的容量和电气位置分布不合理。

此外，电力系统中的谐振现象也是三相电压不平衡的诱因，电力系统中的谐振分为基频谐振和分频谐振（高频谐振）。其中，基频谐振，特征类似于单相接地，即一相电压降低，另两相电压升高，查找故障原因时不易找到故障点，此时可检查特殊用户，若不是接地原因，可能就是谐振引起的；分频谐振或高频谐振，特征是三相电压同时升高。另外，空投母线切除部分线路或单相接地故障消失时，如出现接地信号，且一相、两相或三相电压超过线电压，电压表指针打到头，并同时缓慢移动，或三相电压轮流升高超过线电压，一般均属谐振引起的。

四、暂态过电压和瞬态过电压的诱因

暂态过电压和瞬态过电压主要是由雷击、断路器操作和谐振导致的，这三类诱因在电力系统中必然存在，无法避免。所以，暂态过电压和瞬态过电压是无法避免的一种电压现象，要求运行中的电力设备或负荷设备必须能够承受标准中规定限值范围内的暂态过电压和瞬态过电压。

雷击导致的过电压称为雷电过电压，也称作大气过电压，是由大气中的雷云对地面放电而引起的，持续时间一般为几十微秒，具有脉冲的特性，故常称为雷电冲击波。雷电过电压分直击雷过电压和感应雷过电压两种。其中，直击雷过电压是雷闪直接击中电工设备导电部分时所出现的过电压，直击雷过电压幅值可达上百万伏；感应雷过电压是雷闪击中电工设备附近地面，在放电过程中由于空间电磁场的急剧变化而使未直接遭受雷击的电工设备（包括二次设备、通信设备）上感应出的过电压。为了避免雷电过电压对线路和电气设备造成破坏，最有效的措施是对架空输电线路架设避雷线和接地装置等进行防护，通常用线路耐雷水平和雷击跳闸率表示输电线路的防雷能力。

暂态过电压和瞬态过电压的另外一类诱因是电力系统内部运行方式发生改变，这类过电压现象包括工频过电压、操作过电压和谐振过电压。工频过电压是由于断路器操作或发生短路故障，使电力系统经历过渡过程以后重新达到某种暂时稳定的情况下所出现的过电压，例如空载长线电容效应、不对称短路接地、甩负荷过电压等。操作过电压是由于进行断路器操作或发生突然短路而引起的衰减较快、持续时间较短的过电压，例如空载线路合闸和重合闸过电压、切除空载线路过电压、切断空载变压器过电压、弧光接地过电压等。谐振过电压是电力系统中电感、电容等储能元件在某些接线方式下与电源频率发生谐振所造成的过电压，例如线性谐振过电压、铁磁谐振过电压和参量谐振过电压等。

五、电力系统电压谐波的诱因

在电力系统中，电压谐波必然存在，通常情况下，在传统输电网中的电压谐波主要是由发电侧设备原因和输电线路参数原因导致的，而在高压和特高压直流输电换流站能够辐射到的供电区域中，换流站也是输电网中电压谐波的主要诱因之一。对于配电网和终端用户侧，电压谐波可以认为是谐波电流在线路阻抗上产生的谐波压降，可以说对于配电网和终端用户侧，谐波电流的诱因就是电压谐波的诱因。铁磁饱和型设备、电子开关型设备和电弧型设备是三种最主要的谐波电流源。

铁磁饱和型设备主要包括各种变压器、电抗器的铁芯设备，其铁磁饱和特性呈现非线性，由于铁芯磁路的饱和特性，使系统侧（电源侧）提供的激磁电流波形产生畸变。当不考虑磁滞及铁芯饱和状态时，它基本上是线性电路。铁芯饱和后，它就是非线性的，即使外加电压是正弦波，电流也会发生畸变，饱和越深，电流的畸变现象就会越严重。

电子开关型设备主要为各种交直流换流装置（整流器、逆变器）以及双向可控硅开关设备等，包括广泛应用于工业领域的变频拖动设备和整流设备，新能源发电中的光伏变流器和风机变流器，直流输电中的整流阀和逆变阀等。电子开关型设备的非线性呈现交流波形的开关切合和换向特性，其输出电压、电流往往是周期性或非周期性变化的非正弦波，从而在系统中产生谐波电流，并对电网产生影响，使电网电压发生畸变。电子开关型设备产生的谐波有特征谐波和非特征谐波之分，特征谐波指装置运行在正常条件下所产生的谐波，特征谐波频谱取决于电子开关型设备的等效开关频率，特征谐波是通常情况下此类负荷的谐波输出特征；特征谐波以外的其他谐波含量为非特征谐波。

电弧型设备主要是各类电弧炉和交流电弧焊机等，这类设备电弧的点燃和剧烈变动形成的高度非线性，使电流不规则的波动，其非线性呈现电弧电压与电弧电流之间不规则的、随机变化的伏安特性。根据实际测量和分析，电弧炉的谐波电流成分主要为 2～7 次，其中 2、3 次最大，其平均值可达基波分量的 5%～10%；电焊机产生的谐波以 3、5 次为主，3 次谐波含量在 6%～25%范围，5 次谐波含量在 1%～9%范围。对于电弧类设备，由于谐波含量变化大，谐波治理需要动态跟踪。

六、电压暂降和短时中断的诱因

现代电力系统中，由于过硬的技术保障和成熟的管理措施，供电可靠性极高，尤其是城市电网，计划外停电情况极为少见。而电压暂降和短时中断作为电力系统正常运行中不可避免的短时扰动现象，却是极为常见的，由于其具有不可预测的特点，超过一定暂降幅度或持续时间的电压暂降和短时中断现象将会给用户的生活、生产活动带来损失。实际工作中，工业用户对供电企业的投诉中，大多是因为电压暂降和短时中断。突然的大电流在供电路径上产生很大的电压降落，这是导致电压暂降的根本原因，而短时中断往往是保护装置切除故障点后重合闸这一过程的体现。

短路故障、大型变压器空载激磁、大容量感应电动机启动、大负荷投切等都可能导致线路中出现很大的电流，进而导致一定幅度的电压暂降。

统计表明，短路是导致电压暂降或短时中断的主要原因。短路故障发生时，大电流导致供电路径阻抗的压降增大，PCC 点电压降低，即发生电压暂降事件。电压暂降幅值取决于供电路径阻抗与故障阻抗的相对值，系统越强，系统阻抗越小，相同故障导致的暂降剩余电压值越大，电压降低值越小。由短路故障引起的电压暂降或短时中断的持续时间决定于故障电流的清除时间，即保护定值和开关动作时间。一般情况下，输电网故障的清除时间明显短于配电网故障的清除时间，也就是说，单纯从持续时间的角度看，配电网故障引起的电压暂降或短时中断比输电网严重。造成短路故障的原因很多，雷击、操作过电压、绝缘老化、设备缺陷、人为误操作、动物接触等是造成短路的主要原因。

若变压器正常运行时铁芯接近饱和，最大励磁电流可能是正常值的数十甚至数百倍，从而造成电压暂降。工程中，为了保证高端用户优质供电，采用大容量专用变压器为用户供电，其目的就是降低变压器激磁引起的电压暂降的严重程度。调查表明，变压器激磁引起的电压暂降发生频次和严重程度，多数情况下均低于系统故障。

感应电机启动过程包括转矩的建立和加速两个阶段，在这两个阶段均需要大电流，电机从电网内汲取的电流可能是满负荷运行时的5～8倍，该大电流导致系统阻抗的分压增大，从而引起电压暂降。感应电机启动是引起电压暂降的原因之一，但实际中，由于电动机接入系统的容量相对于电动机容量更大，系统阻抗相对于电动机阻抗更小，因此电动机启动引起的电压暂降通常并不很严重。一般情况下，电动机启动引起的电压暂降幅值由电动机启动容量、上级变压器剩余容量和局部电网容量共同决定。仅在电动机启动容量与上级变压器剩余容量很接近时，电动机启动引起的电压暂降才较明显。

需注意，据不完全统计，由用户侧设备的行为导致的电压暂降或短时中断，约占所有电压暂降和短时中断事件的60%。所以，在电压暂降或短时中断的防治工作中，用户工作是重点之一。

七、公共电网间谐波的诱因

公共电网间谐波这类电压质量问题，目前还没有形成系统的监管手段和系统，但间谐波和谐波的诱因基本重叠，往往由较大的电压波动或冲击性、非线性负荷引起，所有非线性的波动负荷，如电弧焊、电焊机、各种变频调速装置、同步串级调速装置及感应电动机等均为间谐波波源，本质上讲，电力载波信号也是一种间谐波。

实际上，在供电企业对电压质量的管理上，一方面，需要找出供电企业内部和电网侧可能导致电压质量问题的诱因，采取技术和管理手段避免这些诱因的负面作用；另一方面，需要积极摸排用户侧可能导致严重电压质量问题的诱因，在供电服务和供电管理环节，帮助用户排除电压质量风险因素。

第二节 供电电压质量问题的传播特征

可以认为现代电力系统是一定范围内的有机整体，根据电路理论，电力系统中任何一点的电压质量问题都可以被全系统感受到，但实际上，由于线路阻抗匹配特性，电压质量问题的影响往往局限在一定范围内，想要确定某次电压质量事件的影响范围，需要研究电压质量问题的传播特征。

所有的电压质量问题的传播特征都符合经典的电路理论（基尔霍夫定律等），都可以以此为依据进行分析。对于电压波动、电压暂降和短时中断、供电电压偏差等基波电压质量问题，一般采用经典的电路理论和一些数学方法（如小波理论）相结合来分析。而对于谐波和间谐波，由于其频谱构成复杂，难以从阻抗上进行归一化分析，所以通常采用谐波源定位的方法分析其传播特征。

一、基波电压质量问题的传播特征

电压暂降是最典型的基波电压质量问题，本节以电压暂降为例，介绍基波电压质量问题的传播特征。当系统短路等导致电压暂降的事件发生时，电压暂降最严重的点会发生在离故障点最近的母线上，随着与故障点的距离递增，暂降幅度还会如同水波一般递减，该过程就是暂降传播。据统计，造成电压暂降并导致用户遭受损失的电压暂降事件中，用户本地线路故障仅占 23%，而非本地故障占 77%左右。可见，用户经历的导致损失的电压暂降，多数是由非本地故障引起并经电网传播的电压暂降事件。例如，表 2-2 中给出的就是对某石化企业一个月内记录的电压暂降事件的原因分析，对比监测系统的记录发现，本地母线监测装置记录的故障仅为 3 次，其他 15 次电压暂降均为其他线路故障导致。

表 2-2　某石化企业一个月内电压暂降事件原因分析

	用户反映电压暂降	对照当时 35 kV 其他线路故障	对照当时 10 kV 其他线路故障	本地 10 kV 母线线路故障
次数	17	2	12	3
占比/%	100	11.76	70.59	17.65

由于电力系统是三相系统，对于同在一台变压器下的线路，体现出来的可以是简单的阻抗特性，则电压暂降的传播只与线路阻抗和距离相关，我们称之为水平传播。

以图 2-1 所示的 10 kV 辐射型配电网为例，在线路末端 PCC 点发生的短路故障引起的电压暂降，经馈线传播后在线路各点的暂降幅值（剩余电压）分布情况与其和故障点之间的距离成反比，距离故障点越远，暂降幅值越高。

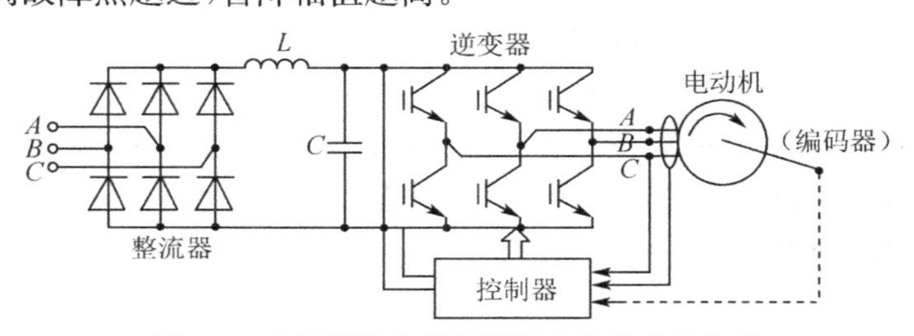

图 2-1　电压暂降在辐射型配电线路中的传播

对于环网，虽然相同电压等级母线并不总是直接相连，暂降传播分析较复杂，但仍可认为暂降的传播是水平传播，通过线路参数的归算和短路计算，可以确定母线或线路故障后相同电压等级母线暂降幅值的分布情况。

在电力系统中，不同电压等级之间经变压器连接，电压暂降等基波电压质量问题经过变压器后，会由于变压器组别和接线方式的不同，体现出不同的传播特征，我们称之为垂直传播。

经典电能质量理论中，采用一种被称为“ABC 分类法”的方法来分析电压暂降等基波电压质量问题通过不同类型变压器时的垂直传播特征。以电压暂降为例，为了简化分析过程，这种分析方法把对称或非对称故障（三相、单相接地、两相、两相接地）导致的电压暂降分别定义为 A、B、C、E 四类，四类电压暂降经不同组别类型的变压器后，产生的电压暂降的类型与原电压暂降类型不同，可定义为 C* 、D、D* 、E、F、G 类。这样就存在 A、B、C、C* 、D、D* 、E、F、G 等 9 类电压暂降，相应类型的三相表达式、相量图、产生原因，如表 2-3 所示。

表 2-3　电压暂降的垂直传播特征

类型	三相表达式	相量图	原因
A类	$U_a=V$ $U_b=-\frac{1}{2}V-\mathrm{j}\frac{\sqrt{3}}{2}V$ $U_c=-\frac{1}{2}V+\mathrm{j}\frac{\sqrt{3}}{2}V$	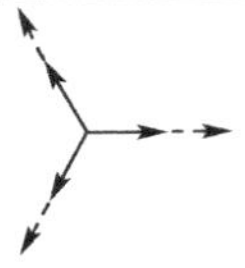	三相短路故障，经类型1/2/3/无变压器
B类	$U_a=V$ $U_b=-\frac{1}{2}-\mathrm{j}\frac{\sqrt{3}}{2}$ $U_c=-\frac{1}{2}+\mathrm{j}\frac{\sqrt{3}}{2}$	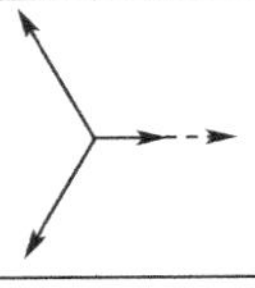	单相接地，经类型1/无变压器
C类	$U_a=1$ $U_b=-\frac{1}{2}-\mathrm{j}\frac{\sqrt{3}}{2}V$ $U_c=-\frac{1}{2}+\mathrm{j}\frac{\sqrt{3}}{2}V$	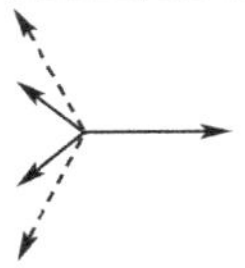	两相接地，经类型1/3/无变压器
C'类	$U_a=1$ $U_b=-\frac{1}{2}-\left(\frac{1}{3}+\frac{2}{3}V\right)\mathrm{j}\frac{\sqrt{3}}{2}$ $U_c=-\frac{1}{2}+\left(\frac{1}{3}+\frac{2}{3}V\right)\mathrm{j}\frac{\sqrt{3}}{2}$	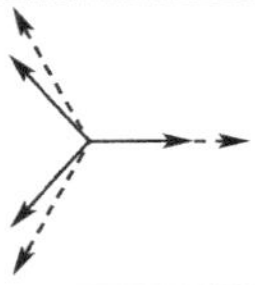	单相接地，经类型2变压器
D类	$U_a=V$ $U_b=-\frac{1}{2}V-\mathrm{j}\frac{\sqrt{3}}{2}$ $U_c=-\frac{1}{2}V+\mathrm{j}\frac{\sqrt{3}}{2}$	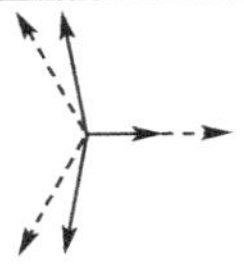	两相接地，经类型2变压器
D'类	$U_a=\frac{1}{3}+\frac{2}{3}V$ $U_b=-\frac{1}{6}-\frac{1}{3}V-\mathrm{j}\frac{\sqrt{3}}{2}$ $U_c=-\frac{1}{6}-\frac{1}{3}V+\mathrm{j}\frac{\sqrt{3}}{2}$	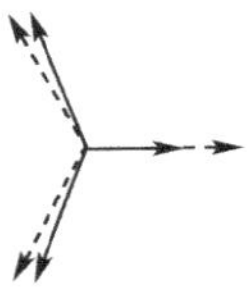	单相接地，经类型3变压器
E类	$U_a=1$ $U_b=-\frac{1}{2}V-\mathrm{j}\frac{\sqrt{3}}{2}V$ $U_c=-\frac{1}{2}V+\mathrm{j}\frac{\sqrt{3}}{2}V$	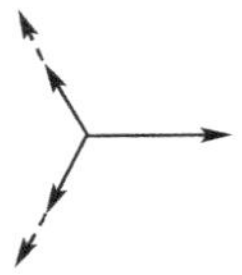	两相接地，经类型1/无变压器
F类	$U_a=V$ $U_b=-\frac{1}{2}V-\left(\frac{2}{3}+\frac{1}{3}V\right)\mathrm{j}\frac{\sqrt{3}}{2}$ $U_c=-\frac{1}{2}V+\left(\frac{2}{3}+\frac{1}{3}V\right)\mathrm{j}\frac{\sqrt{3}}{2}$	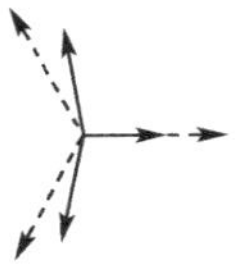	两相接地，经类型2变压器
G类	$U_a=\frac{2}{3}+\frac{1}{3}V$ $U_b=-\frac{1}{3}-\frac{1}{6}V-\mathrm{j}\frac{\sqrt{3}}{2}V$ $U_c=-\frac{1}{3}-\frac{1}{6}V+\mathrm{j}\frac{\sqrt{3}}{2}V$	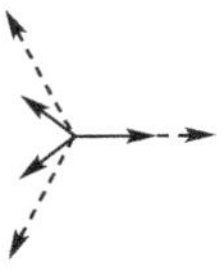	两相接地，经类型3变压器

根据表 2-3,可以推导出电压暂降经不同连接方式的变压器后,原副边电压暂降类型的转换关系,见表 2-4。

表 2-4　原副边电压暂降类型的转换关系

变压器连接方式	原边暂降类型							
	A类	B类	C类	D类	E类	F类	G类	/
1	A	B	C	D	E	E	G	副边暂降类型
2	A	C	D	C	F	G	F	
3	A	D	C	D	G	F	G	

在电力系统中,由于变压器的漏抗远大于低压侧的系统阻抗,所以当低压侧发生短路故障时,高压侧的暂降幅值通常较高,一般不会低于 0.8p.u.,且极少对高压侧的用户和设备造成影响;而变压器高压侧发生的电压暂降,经过变压器之后往往成比例传递到低压侧,从而影响到低压侧用户,影响程度取决于高压侧发生的电压暂降的严重程度。

以 IEEE24 节点标准系统为例对电压暂降的传播规律进行仿真,如图 2-2 所示。

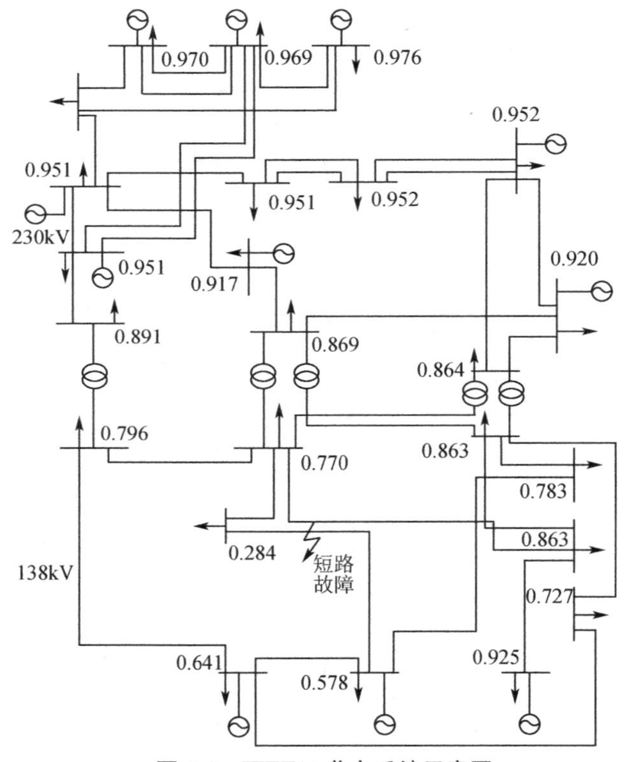

图 2-2　IEEE24 节点系统示意图

当系统内某条线路发生短路时,多条母线发生电压暂降,暂降幅值如图 2-2 中标注所示,距离故障点越近,暂降幅值(剩余电压)越低;距离故障点越远,暂降幅值越高。除受水平传播和垂直传播的影响,如果母线距离电源点近或母线上有发电机组接入,由于电源支撑作用,暂降幅值(剩余电压)较高,母线电压暂降不严重。

二、谐波的传播特征

本质上，谐波电压质量问题与基波电压质量问题都可以用经典电路理论进行分析，但由于电力系统设备、元件及负荷特征的差异，很难对谐波阻抗进行归一化处理，即使对各个单次谐波，也很难建立一个相对统一的线性化模型。所以，从分析谐波的传播特征的目的考虑，可以采用谐波干扰源定位方法来分析谐波电压的来源。

谐波干扰源定位方法可以分为基于等效电路模型的定位法和基于谐波状态估计的定位法。其中，基于等效电路模型的定位法是把系统分成电网侧和用户侧，然后根据相应的等效电路模型，确定出主谐波源的一侧，这类方法包括功率定位法、阻抗定位法、灵敏度定位法等。基于谐波状态估计的定位法是对整个系统网络用谐波状态进行估计的方法，计算出系统各个节点的谐波电压以及支路的谐波电流，从而判断哪条支路上含有谐波源。根据选取状态变量的不同，其可以分为谐波电压状态估计定位和谐波电流状态估计定位；根据不同量测量的选取，其又可以分为功率量测定位法、电压量测定位法、电流量测定位法等。

理论上，基于谐波状态估计的定位法具有更高的定位精度，但此类方法大多基于仿真，还未在实际系统中应用，况且要得到精确的非基波谐波网络参数和拓扑结构非常困难，所以很难用于实际谐波源定位工作。而基于等效电路模型的定位法虽然在进行电路等效的时候进行了一些近似计算，导致定位精度稍差，但相对更容易操作，尤其是谐波功率定位法，直接对多台谐波监测装置的数据进行同期分析就可以实现。谐波功率定位法又分为谐波有功功率定位法和谐波无功功率定位法。谐波有功功率定位法是比较高效的谐波源检测方法，以图 2-3 所示谐波源检测模型为例。

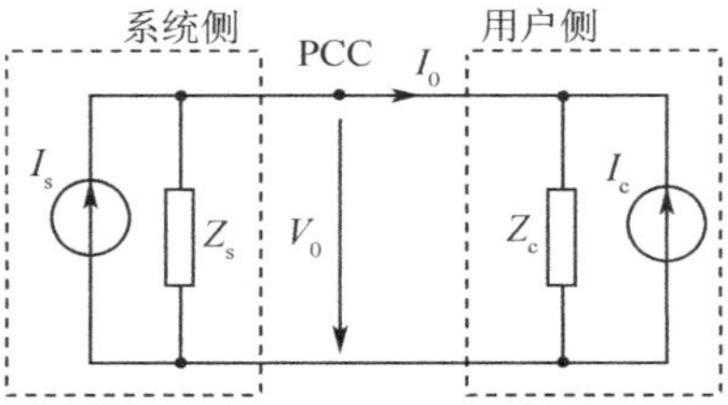

定义功率正方向为从系统侧到用户侧，则公共连接点的谐波有功功率为

$$P_0 = \mathbb{R}(V_0, I_0) = V_0 I_0 \cos(\theta_{V0} - \theta_{I0}) \tag{2-1}$$

式中，P_0 是 PCC 点某次谐波的有功功率，θ_{V0} 和 θ_{I0} 分别是 PCC 点某次谐波电压和电流的相位角。

图 2-3 谐波源检测模型

当 $P>0$ 时，系统侧发出较多的谐波功率，认为系统侧是主要谐波来源；当 $P<0$ 时，用户侧发出较多的谐波功率，认为用户侧是主要谐波来源。

当系统侧和用户侧都有谐波源时，根据图 2-3 可以得到从系统侧流向用户侧的有功功率表达式为

$$P = \frac{E_s E_c}{Z_c + Z_s} \sin\delta = \frac{Z_s Z_c}{Z_c + Z_s} I_s I_c \sin\delta \tag{2-2}$$

由式(2-2)可以看出，谐波有功功率的方向主要受公共连接点两侧谐波源相角差的影响，而当某次谐波电压与电流相角差为 90°时，该方法不能判断出谐波有功功率的方向。

对于闪变和间谐波的传播特征，目前尚无被广泛应用的方法，相关研究往往只能从引起闪变和间谐波的诱因的角度去分析，本节不做单独描述。

第三节　供电电压质量问题对电网的影响

供电电压质量问题对供电企业的影响主要体现在以下三个方面:第一,对供电企业服务的影响,供电电压质量是供电服务的重要衡量指标,是评价供电企业服务水平的标准之一;第二,对电网稳定和经济运行的影响,供电电压质量与电网的稳定和经济运行强相关,供电电压质量问题会影响电网的稳定和经济运行,某些电网稳定性问题也是供电电压质量问题的诱因;第三,对电网中主要设备的影响,供电电压质量问题可能会对变压器、线路和无功补偿设备等造成影响。供电电压质量问题对供电企业服务的影响,这部分内容在本书的最后一章中单独进行描述,本节只介绍其对电网和电网设备的影响。

另外,电压波动对电网和用户的影响与电压偏差超限的影响类似,本节不单独描述;而闪变的危害主要是引起人们视觉的不适和疲劳,进而可能会在特定情况下引起人身安全和生产安全事故。电压暂降和短时中断对供电企业的影响主要体现在对供电企业供电服务和供电可靠性的影响,其对电网设备的影响主要体现在对特定的电力电子设备和计算机设备的影响,这部分内容将与电压暂降和短时中断对用户的影响合并介绍。

一、供电电压偏差对电网的影响

(一)供电电压偏差对电网稳定和经济运行的影响

供电电压偏差超限会影响到电网的稳定运行,降低输电线路输送功率的能力。输电线路输送功率受功率稳定极限的限制,而线路的静态稳定功率极限近似与线路的电压平方成正比。系统运行电压偏低,输电线路的功率极限大幅度降低,可能产生系统频率不稳定现象,甚至导致电力系统频率崩溃,造成系统解列。如果电力系统缺乏无功电源,可能产生系统电压不稳定现象,导致电压崩溃。

1.供电电压偏差与发电机同步运行

电力系统维持发电机同步运行的能力,与电网的电压水平有很大的关系。

同步发电机的转速决定于作用在其轴上的转矩,当转矩变化时,转速也将相应地发生变化。正常运行时,原动机的功率与发电机的输出功率是平衡的,因此发电机以恒定的同步转速运行。但是,这种功率平衡状态是相对的、暂时的。由于电力系统的负荷随时都在变化,有时还有偶然事故产生,因此平衡状态不断被打破。例如,负荷功率的变化将引起各发电机输出功率的变化,但原动机功率不能立即跟随其变化,就会在原动机功率与发电机输出功率之间产生不平衡。功率的不平衡以及相应的转矩不平衡,将引起发电机组转速的变化。例如,当原动机功率大于发电机输出功率时,使整个机组加速,过剩功率转化为动能贮存在转子中;而当原动机功率小于发电机输出功率时,使整个机组减速,减速过程中转子的一部分动能释放出来以弥补输出功率的不足。当系统由于负荷变化、操作或发生故障而打破平衡状态后,各发电机组将因功率不平衡而发生转速的变化。一般来说,各发电机组功率不平衡的程度不同,可能一部分机组加速,另一部分机组减速,速度变化的程度也不一样,因此各发电机的转子之间将发生相对运动。如果经过一段时间后各发电机组能重新恢复到原来的平衡状态,或者出现某一新的平衡状态,这样的系统称为稳定的。相反,当电力系统遭受外部干扰后，发电机组间产生不衰减的振荡，或转子间发生很大的相对运动，造成机组之间失去同步，这样的系统称为不稳定的。

图 2-4 为单机-无限大系统功角特性曲线，图中所示功角特性曲线可以分析在小扰动情况下系统稳定问题，即所谓的静态稳定问题。当发电机原动机功率为 P_0 时，输电系统可能运行在功角特性曲线的点 a 或点 b。在点 a，如在小扰动下产生正的功角增量 $\Delta\delta$，则会产生正的发电机输出功率增量 ΔP（原动机功率不变），从而发电机电磁转矩增大，机组减速，使运行状态回到点 a，因此运行在点 a 时，在小扰动情况下系统是稳定的。再看运行在点 b 的情况，其在小扰动下产生的正的功角增量 $\Delta\delta$ 会引起负的发电机输出功率增量 ΔP，原动机功率超过发电机输出功率，使转子加速，$\Delta\delta$ 不断增大，运行状态无法回到点 b，最后失去稳定。

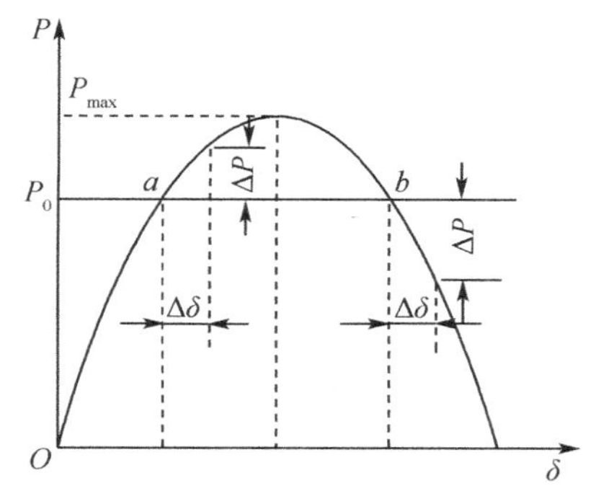

图 2-4　单机-无限大系统功角特性曲线

$$P=\frac{EU}{X_{\Sigma}}\sin\delta$$

式中：P 为发电机功率，E 为发电机端口电动势，U 为母线电压，δ 为功角。当 $\delta=90^{\circ}$时，达到发电机的静态稳定极限功率。为了保证输电系统的静态稳定，线路上输送的功率不能超过静态稳定极限功率。静态稳定极限功率与系统电压 U 成正比，与发电机电动势 E 成正比，与总的电抗成反比。当电力系统结构已经确定时，提高系统电压及发电机电动势（发电机端电压也相应提高）就能大大提高系统的静态稳定极限。

实际电力系统的结构比单机-无限大系统要复杂得多，发电机普遍装有自动励磁调节装置，可以使发电机始终运行在静态稳定极限功率之下，但由于其不断对励磁进行调整，有可能激发低频振荡，这需要采取一些专门的措施，例如励磁的附加控制。

总之，提高电网运行电压水平，对提高电网的静态稳定和防止发电机组非振荡性失步是很有好处的。

2. 供电电压偏差与系统电压稳定

供电电压偏差过大会影响电力系统的电压稳定性。供电电压偏差超限会影响电网的稳定运行，降低输电线路输送功率的能力。输电线路的输送功率受功率稳定极限的限制，而线路的静态稳定功率极限与线路的电压平方近似成正比。系统运行电压偏低，输电线路的功率极限大幅度降低，可能产生系统频率不稳定现象，甚至导致电力系统频率崩溃，造成系统解列。如果电力系统缺乏无功电源，可能产生系统电压不稳定现象，导致电压崩溃。

我国 2001 年新发布的《电力系统安全稳定导则》中对电压稳定做了明确定义：电力系统受到小的或大的扰动后，系统电压能保持或恢复到容许的范围内，不发生电压崩溃的能力。

所谓电压崩溃，是指由于电压不稳定所导致的系统内大面积、大幅度的电压下降的过程（事实上，电压崩溃的原因也可能是角度不稳定）。另外，电压安全性的概念也经常被提出，它不仅是指一个系统稳定运行的能力，也指在出现任何适当而又可信的预想事故或有害的系统变更后，系统维持电压稳定的能力。

当系统出现电压扰动、负荷增大或其他原因使电压急剧下降或向下漂移，并且运行人员和自动系统的控制已无法终止这种电压变化时，系统就会进入电压不稳定的状态。这种电压的下降过程可能只需用几秒钟，也可能长达 10～20 min，甚至更长。如果电压不停地衰落下去，静态的角度不稳定或电压崩溃就会发生。

通常情况下，我们可以用电压稳定临界值来分析某供电节点的电压稳定性。且有

$$U_{cr}^2 = X\sqrt{P^2 + Q^2}$$

式中：U_{cr}为母线的电压稳定临界值，X 为线路阻抗，P 为有功功率，Q 为无功功率。电网中某一节点的供电电压临界值，既是连接到该节点的负荷视在功率的函数，又是连接到该节点的系统等效阻抗的函数。电网中不同节点有不同的供电电压临界值，因而需要逐点校核。

在一个负荷集中的地区，如果因为无功功率补偿能力不足或外部供电电压过低，导致在运行中电网中枢点电压不断下降，则阻止发生电压崩溃的最佳手段是适当地切除部分地区负荷。一方面，可以有效地降低临界电压 U_{cr}。一般负荷情况下，P 的绝对值总是显著地大于Q 的绝对值，因而减小 P(包含所带有的部分 Q)对降低 U_{cr}作用特别显著。另一方面，由于要求电网传输的有功功率减小，从而使受端中枢点的电压U 提高，因而电压稳定性裕度可以显著增大。

电压稳定的破坏会造成严重的灾难，给电力系统和各行各业的生产以及人民生活带来重大的损失。

3. 供电电压偏差对系统经济运行的影响

系统运行电压过高又可能使系统中各种电气设备的绝缘受损，使带铁芯的设备饱和以及产生谐波，并可能引发铁磁谐振，同样威胁电力系统的安全和稳定运行。

电压偏差超限不仅对系统的稳定造成威胁，而且影响系统的经济运行。当输送功率一定时，输电线路和变压器的电流与运行电压成反比，而输电线路和变压器的有功损耗与电流的平方成正比。因此，系统电压偏低，将使电网的有功损耗、无功功率损耗以及电压损失大大增加；系统电压偏高，将使超高压电网的电晕损耗加大，所有这些都使供电成本增加。

(二)供电电压偏差对电网设备的影响

1. 供电电压偏差对变压器的影响

供电电压偏差会增加变压器的空载损耗。空载损耗包括铁芯损耗和附加损耗，铁芯损耗是指变压器运行时铁芯中磁通产生的磁滞损耗及涡流损耗，附加损耗是指变压器中的杂散磁场在变压器箱体和其他一些金属零件中产生的损耗。这些损耗的大小与铁芯中的磁感应强度 B 有关，变压器电压升高，B 也增大，铁芯损耗也增大。对于大部分常规变压器，额定电压下的空载损耗占变压器额定容量的千分之几。

供电电压偏差会增加变压器绕组损耗。在传输同样功率的条件下，变压器电压降低，会使电流增大，变压器绕组的损耗也增大，其损耗大小与通过变压器的电流的平方成正比。额定负荷时变压器绕组电阻中的功率损耗是变压器空载损耗的几倍，甚至十几倍。当传输功率比较大时，低电压运行会使变压器发生过电流，造成保护动作或变压器过热。

长期的供电电压偏差可能加速变压器绝缘老化进程。变压器的内绝缘主要是变压器油和绝缘纸。变压器油在运行中会逐渐老化变质，通常可分为热老化及电老化两大类。热老化在所有变压器油中都存在，温度升高时，残留在油箱中的氧和纤维分解产生的氧与油发生的化学反应加快，使油黏度增高、颜色变深、击穿电压下降。电老化指高场强处产生局部放电，促使油分子缩合成更高分子量的蜡状物质，它们积聚在附近绕组绝缘上，堵塞油道，影响

散热，同时逸出低分子的气体，使放电更易发展。

变压器高电压运行会使电场增强，加快电老化，绝缘纸等固体绝缘的老化是指绝缘受到热、强电场或其他物理化学作用逐渐失去机械强度和电气强度。绝缘老化程度主要由机械强度来决定，当绝缘变得干燥发脆时，即使电气强度很好，在振动或电动力作用下也会损坏。绝缘老化是由于温度、湿度、局部放电、氧化和油中分解的劣化物质的影响所致。老化速度主要由温度决定。绝缘的环境温度越高，绕组中电流越大、温升越大，绝缘老化速度就越快，使用年限就越短。高电压运行会增强电场强度，加剧局部放电，特别是在绝缘已受损伤或已有一定程度老化后，会加快老化的速度。

以上分析的过电流和高电压对变压器绝缘老化的影响，同样适用于CT、PT和充油套管等电气设备。

2.供电电压偏差对电容器的影响

供电电压偏差超限会对电力电容器的寿命有很大的影响。通常情况下，电力电容器的使用寿命可以用下面的公式估算：

$$Life = Life_{\mathrm{N}}\left(\frac{U}{U_{\mathrm{N}}}\right)^{-8.5}$$

式中：$Life_{\mathrm{N}}$ 为额定电压下电容器的使用寿命，U_{N} 为额定电压，U 为系统电压。假设额定使用寿命为20年，若电容器长期在1.1倍额定电压下运行，使用寿命将减少到额定使用寿命的44.48%。此外，供电电压偏差也会对电容器的绝缘产生影响，加速电容器绝缘老化，严重时可能造成局部放电。

二、谐波对电网的影响

电力系统中，谐波时刻存在且无法完全避免，谐波的影响也体现在电网和用户的所有电力设备中。谐波污染对电网的影响主要表现在两方面：一方面，谐波污染造成电网及电网设备的损耗增加、绝缘老化加剧、设备寿命缩短、接地保护功能失常、遥控功能失常、线路和设备过热等，影响电网的安全运行和经济运行；另一方面，谐波可能引起局部的并联或串联谐振，造成设备损坏或工作异常。

本节讨论谐波对电网的影响，不将谐波电压和谐波电流严格区分开，因为通常情况下谐波电压也往往通过谐波电流对设备产生影响。

（一）谐波对电力电容器的影响

当配电系统非线性用电负荷比重较大，并联电容器组投入时，一方面由于电容器组的谐波阻抗小，注入电容器组的谐波电流大，使电容器负荷而严重影响其使用寿命；另一方面当电容器组的谐波容抗与系统等效谐波感抗相等而发生谐振时，引起电容器谐波电流严重放大，使电容器过热而损坏。

因此，电压谐波和电流谐波超标都会使电容器的工作电流增大和出现异常，例如对于常用自愈式并联电容器，其允许过电流倍数是1.3倍额定电流，当电容器的电流超过这一限值时，将会造成损坏事故。同时，谐波使工频正弦波形发生畸变，产生锯齿状尖顶波，易在绝缘介质中引发局部放电，长时间的局部放电也会加速绝缘介质的老化，自愈性能下降，而容易导致电容器损坏。

(二)谐波对变压器的影响

谐波会加大变压器的损耗,加速变压器绝缘的老化。

谐波电流会使变压器的铜耗增加,引起局部过热、振动、噪声增大和绕组附加发热等。谐波电压引起的附加损耗使变压器的磁滞及涡流损耗增加,当系统运行电压偏高或三相不对称时,励磁电流中的谐波分量增加,绝缘材料承受的电气应力增大,影响绝缘的局部放电的介质增大。对三角形连接的绕组,零序性谐波在绕组内形成环流,使绕组温度升高。

变压器励磁电流中含谐波电流,引起合闸涌流中谐波电流过大,这种谐波电流在发生谐振时的条件下将对变压器的安全运行造成威胁。

(三)谐波对电力电缆的影响

谐波污染会使电缆的介质损耗和输电损耗增大,泄漏电流上升,温升增大及干式电缆的局部放电增加,引起单相接地故障的可能性增加。电力电缆的分布电容对谐波电流有放大作用,在系统负荷低谷时,系统电压上升,谐波电压也相应升高。电缆的额定电压等级越高,谐波引起电缆介质不稳定的危险性越大,更容易发生故障。

(四)谐波对输电线路的影响

谐波污染会增加输电线路的损耗。输电线路中的谐波电流加上集肤效应的影响将产生附加损耗,使输电线路损耗增加。特别是在电力系统三相不对称运行时,对中性点直接接地的供电系统线损的增加尤为显著。

(五)谐波对电力系统中其他一次设备的影响

(1)谐波电流注入系统内的同步发动机,将产生附加损耗,引起发电机局部发热,降低绝缘强度。同时,由于输出的电压波形中产生附加谐波分量,使负载的同步发电机转子发生扭振,降低其工作寿命。

(2)谐波会使某些断路器的磁吸线圈不能工作,断路器的开断能力降低,不能开断波形畸变超过一定限值的故障电流,导致断路器触头烧损。

(3)当电网谐波成分较大时,发生单相接地故障,消弧线圈电感电流将可能不起作用,在接地点得不到补偿,从而引发系统故障扩大。

(4)谐波对继电保护及自动装置的影响主要是可能会引起装置的误动作。在谐波严重超标的电弧炉负荷、电气化铁路等谐波含量大的局部电网中会受到影响;在系统因短路容量太小而可能出现较大谐波电压影响的场所会受到影响;在易发生谐波谐振的配电系统、输电系统、变电站网架附近会受到影响;在谐波受到电容器组或其他原因而被放大严重的网络附近会受到影响。

(5)谐波对电能计量的影响。研究证明,感应式电度表对高次谐波有负的频率误差,而电子式电度表的频响特性一般较好。在电网正常条件下,谐波含量不太大(电压总畸变一般不大于5%)时,各型常用仪表的指示大致可以与仪表的精确等级相符,但在严重畸变(电流畸变率有时很大)时误差将变大(一般针对平均值响应的仪表,随着高频成分增加,对同一有效值的指示会明显下降)。旧式电磁系仪表频率特性最差;电动系仪表频率特性较好;而数字式测量仪表的指示一般具有精度高、频带宽、不受波形影响等优点。

(6)对通信的干扰。谐波通过电磁感应干扰通信。通常200～5 000 Hz的谐波引起通信噪声,而1 000 Hz以上的谐波导致电话回路信号的误动。谐波干扰的强度取决于谐波电流、频率的大小以及输电线和通信线的距离、并架长度等。

三、三相电压不平衡对电网的影响

三相电压不平衡对电网的影响主要体现在影响某些电网内设备的正常工作，进而影响电网的经济运行。

（一）三相电压不平衡对变压器的影响

三相电压不平衡对变压器的影响一方面体现在影响变压器内部三相磁场的平衡，另一方面体现在变压器的三相电流的不平衡。通常认为变压器的三相电压不平衡会引起三相负载电流不平衡，而负载电流的不平衡又会加剧三相电压不平衡。当变压器处于不平衡负载下运行时，如果其中一相电流已经先达到变压器的额定电流，则其余两相电流只能低于额定电流，此时变压器容量得不到充分利用。例如三相变压器供电给单相线电压负载时，变压器的利用率约为57.7%；如果供电给单相相电压负载，则变压器的利用率仅为33.3%。如果处于不平衡负载下运行时仍要维持额定容量，将会造成变压器局部过热。

运行中的变压器若存在零序电流，则其铁芯中将产生零序磁通。（高压侧没有零序电流）这迫使零序磁通只能以油箱壁及钢构件作为通道通过，而钢构件的导磁率较低，零序电流通过钢构件时，即要产生磁滞和涡流损耗，从而使变压器的钢构件局部温度升高发热。变压器的绕组绝缘因过热而加快老化，导致设备寿命降低。同时，零序电流的存在也会增加配变的损耗。研究表明，变压器工作在额定负载下，当电流不平衡度为10%时，变压器绝缘寿命约缩短16%。

（二）三相电压不平衡导致线损增加

在三相电压不平衡系统中，线路除正序电流产生的正序功率损耗以外，还有负序电流及零序电流产生的附加功率损耗，因此加大了线路的总损耗，降低了电力系统运行的经济性。

（三）三相电压不平衡可能影响继电保护和自动装置的正常工作

三相电压不平衡系统中的负序分量偏大，可能导致一些作用于负序电流的保护和自动装置误动作，威胁电力系统的安全运行。这些保护和自动装置包括发电机负序电流保护、主变压器复合电压启动过电流保护、母线差动保护、线路保护振荡闭锁装置、线路相差高频保护和故障录波器等。此外，系统三相电压不平衡还会使某些负序启动元件对系统故障的灵敏度下降。

四、暂时过电压和瞬态过电压的影响

暂时过电压和瞬态过电压在电网中必然存在，不可避免，时刻考验着电网、电网设备和用户设备的绝缘水平，其影响形式和影响范围也基本一致，所幸的是电网和用户的绝大多数设备的绝缘水平都能够满足相关标准的要求，或采取了适当的措施来抑制暂时过电压和瞬态过电压的危害，暂态过电压和瞬态过电压直接造成的损失并不大。

（一）雷击过电压的影响

一方面，雷击过电压可能会引起绝缘子闪络、电网设备绝缘击穿等。另一方面，雷击过电压对电子元件的损坏已不容忽视。其中，纵向冲击可能会损坏跨接在线与地之间的元部件或其绝缘介质，击穿在线路和设备间起阻抗匹配作用的变压器匝间、层间或线对地绝缘等，横向冲击则同信息一样，可在电路中传输，损坏内部电路的电容、电感及耐冲击能力差的固体元件。设备中元部件遭受雷击损坏的程度，取决于不同的绝缘水平及受冲击的强度。对具有自行恢复能力的绝缘，击穿只是暂时的，一旦冲击消失，绝缘很快得到恢复，有些非自行恢复的绝缘介质，如果击穿后只流过很小的电流，通常不会立即中断设备的运行，但随着时间的推移，元部件受潮，绝缘逐渐下降，电路特性变坏，最后将使设备损坏。

（二）操作过电压的影响

当电网发生事故跳闸或停电操作时，突然切断电感电路的电流会产生过电压。在开关断开过程中，触点间的距离尚未到达足够大时就已经被击穿，高电压进入直流操作电源系统，电压承受水平较低的半导体器件就会受到不同程度的破坏及影响。因为半导体器件的过电压承受水平较低，反应灵敏，故会造成损坏或无法正常工作。而其对电磁元件影响不大，因为其绝缘水平较高，并且其动作过程有一定的惰性，所以不会造成误动作而影响正常工作。

（三）工频过电压的影响

工频电压升高的大小会直接影响操作过电压的实际幅值。操作过电压是叠加在工频电压升高之上的，从而达到很高的幅值。工频电压的大小会影响避雷器的工作条件和保护效果，避雷器的最大允许工作电压是由避雷器安装处工频过电压值决定的。如工频电压过高，避雷器的最大允许工作电压也越高，避雷器的冲击放电电压和残压也将提高，相应被保护设备的绝缘水平要随之提高。若工频过电压持续时间过长，对设备绝缘及其运行性能有重大影响，例如引起油纸绝缘内部电离，污秽绝缘子闪络，铁芯过热，电晕等。

（四）谐振过电压的影响

谐振过电压在正常运行操作中出现频繁，其危害性较大，可能造成电气设备损坏和大面积停电事故。许多运行经验表明，中、低压电网中过电压事故大多数都是由谐振现象引起的。由于谐振过电压的作用时间较长，在选择保护措施方面造成困难，为了尽可能地防止谐振过电压，在设计、操作电网时，应事先进行必要的估算和安排，避免形成严重的串联谐振回路，或采取适当的防止谐振的措施。谐振过电压轻者令电压互感器和熔断器熔断、匝间短路或爆炸，重者发生避雷器爆炸、母线短路、厂用电失电等严重威胁电力系统和电气设备运行安全的事故。

第四节　供电电压质量问题对用户的影响

供电电压质量问题对用户的影响主要体现在两个方面：一是对用户设备的影响，二是对用户生产运营过程的影响，这两部分内容互相关联，对用户生产运营过程的影响最直接的诱因往往是设备的异常运行或损坏。

供电电压质量问题中，对于供电电压偏差、谐波、电压波动、电压三相不平衡这几类电压质量问题，预防、监测、评估和治理都有相对成熟的技术和管理手段，对用户生产运营过程的影响可防可控，本节主要讨论其对用户设备的影响。对于电压暂降和短时中断，由于其不可避免、不可预测的特点，往往给用户的生产运营过程造成较大的影响。由于电压暂降和短时中断的特点，电压暂降和短时中断指标尚未纳入供电电压质量管理中，但在实际供电工作中，电压暂降是导致用户投诉率最高的电压质量事件，本节将重点描述。

一、供电电压偏差对用户设备的影响

所有用户的用电设备都是按照设备的额定电压进行设计和制造的，在额定电压上下一定范围内的电压偏差不会对设备的运行造成影响。但当电压偏离额定电压较大时，用电设备的运行性能恶化，不仅运行效率降低，还很可能会由于过电压或过电流而损坏。

例如，白炽灯设备，当电压较额定电压降低 5%时，白炽灯的光通量减少 18%；当电压较额定电压降低 10%时，白炽灯的光通量减少 30%，发光不足会影响人们的视力，降低工作效率；当电压较额定电压升高 5%时，白炽灯的寿命减少 30%；当电压较额定电压升高 10%时，白炽灯的寿命减少一半。如图 2-5 所示。

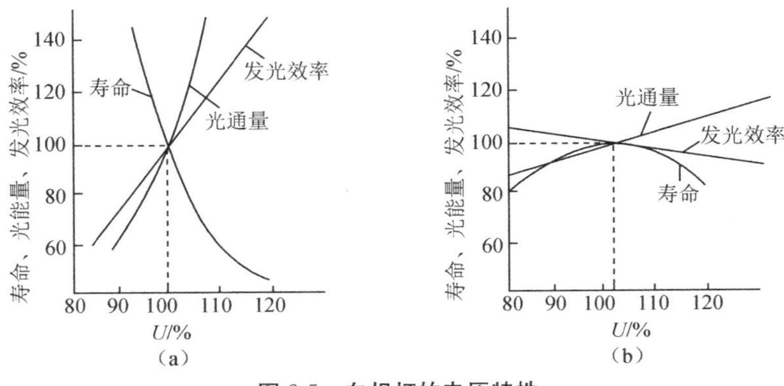

图 2-5 白炽灯的电压特性

电炉等电热设备广泛应用于冶金、玻璃和橡胶等行业，电炉的发热量与电压的平方成正比，如果电压偏低，则设备的发热量急剧下降，导致生产效率降低，甚至会影响整个生产工艺流程。

用户中大量使用的异步电动机，当其端电压改变时，电动机的转矩、效率和电流都会发生变化。

图 2-6 为不同端电压时异步电动机的转矩-转差特性，异步电动机的最大转矩（功率）与端电压的平方成正比，如电动机在额定电压时的转矩为 100%，则在端电压为 90%额定电压时，其转矩将为额定转矩的 81%。如电压降低过多，电动机可能停止运转，使由它带动的生产设备运行失常。

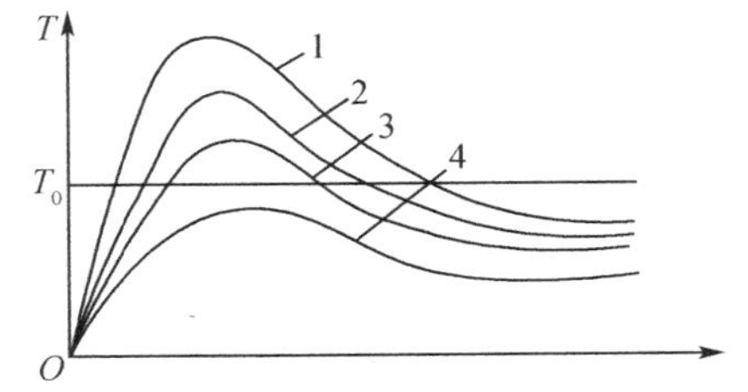

图 2-6 不同端电压时异步电动机的转矩-转差特性

1—100%U_N；2—90%U_N；3—80%U_N；4—70%U_N

有些载重设备(如起重机、碎磨机)的电动机,还会因电压降低而不能启动。此外,电压降低,电动机电流将显著增大,绕组温度升高,在严重情况下,会使电动机烧毁。

电压偏差对同步电动机的影响和异步电动机相似,端电压变化虽不引起同步电动机的转速变动,然而其启动转矩与端电压的平方成正比,而其最大转矩与端电压成正比,即端电压变化-10%或+10%,最大转矩也相应变化-10%或+10%。如果同步电动机励磁电流由与同步电动机共电源的晶闸管整流器供给,则其最大转矩将按与端电压的平方成正比变化。

电压偏差过大对家用电器的使用效率和寿命均会产生不良影响。

二、谐波对用户的影响

谐波对用户的影响主要包括对用户电动机产生影响,对用户补偿电容产生影响,对用户自动控制装置产生影响,对居民生活产生影响,对用电安全造成威胁。

谐波电流通过交流电动机可以使谐波附加损耗增加,引起电动机过热,机械振动和噪声增大。负序性的谐波分量(5 次、7 次、11 次……)对电动机的影响与负序过电压的效果一样,能够在定子绕组上产生负序谐波电流,并励磁产生负序旋转磁场,该制动磁场可降低电动机的最大转矩的过载能力,增加铜损,并且负序过电流可以将电动机定子绕组烧毁。在谐波电压畸变率过高的场景,设备的寿命可能受到很大影响,例如当谐波电压总畸变达 10%~20%时,可导致电动机在短期内损坏。

谐波对用户的精密仪器和生产线可能会产生影响。首先,谐波可能会体现在检测结果中,干扰正常的分析计算,影响仪器设备输出结果的精度;其次,谐波尤其是某些频率的高次和超高次谐波,可能直接损坏某些设备或部件,如精密电机和精密磁耦合设备等;最后,谐波还可能干扰设备的保护回路,造成误动作或不动作。

另外,谐波也是一种闪变源,某些次数的谐波或某种谐波的组合可能会引起闪变,造成视觉疲劳和损害。

一些建筑物突发性火灾已被证明与电力谐波有关。目前,节能灯、调光器和电器设备中开关电源应用得很普遍,本意是节能,但这些终端设备作为谐波源,对电网的危害很大。经有关部门测定,应用电器设备较多的酒店、商厦、网吧、计算机房、居民小区等,在采取滤波等措施前,中性线电流都很大,有些甚至超过相电流,导致过热成为发生火灾事故的重大隐患。

此外,谐波可能会影响诸如电梯、升降机等特种设备的运行,进而造成生产安全事故或人身安全事故。

三、三相电压不平衡对用户的影响

三相电压不平衡对用户的影响主要体现为对电机类设备、换流器类设备、计算机类设备和某些家用电器的影响。

三相电压不平衡达到一定程度时,会对电机类负载产生很大的影响。当电机承受三相不平衡电压时,将产生和正序电压相反的旋转磁场,在转子中感应出两倍频电压,从而引起定子、转子铜损和转子铁损的增加,使电动机附加发热,并引起二倍频的附加振动力矩,危及安全运行和正常出力;据国外文献介绍,当电动机在额定转矩下负序电压为 4%运行时,仅由于附加发热,其绝缘寿命就缩短一半。

三相电压不平衡对换流器类设备的影响主要体现在对换流器类设备检测算法的影响,使换流器的触发角不对称,换流器将产生较大的非特征谐波。随着三相电压不平衡度的增加,非特征谐波电流也加大。常规换流器是以抑制特征谐波进行设计制造的,非特征谐波电流的出现对换流器的谐波治理提出了更高的要求,直接导致换流器总投资的加大。

三相电压不平衡对计算机系统的干扰主要体现为中性线电流引起的 3 倍数次谐波电流对计算机系统的影响。通常我国低压采用三相四线制 TN,TT 系统供电。在三相电压不平衡较严重时,中性线过负荷发热,不仅增加损耗,降低效率,还会引起零电位漂移,产生电噪声干扰,致使计算机无法正常运行。变压器运行规程规定,Y,yn0 连接的变压器中性线电流限值为额定电流的 25%,而对于计算机电源,这个限值应更严一些,在 5%~20%范围内为宜。

在低压系统中,如三相电压不平衡,会对照明和家用电器正常安全用电造成威胁,因为这类设备大多数为单相用电。如接在电压过高的相上用电,则会使设备寿命缩短,以致烧坏;如接在电压过低的相上用电,则设备不能正常运转和照度不足。

四、电压暂降和短时中断对用户设备的影响

与供电电压偏差、电压波动和长时间供电中断事故相比,电压暂降具有发生频率高、事故原因不易察觉的特点,预防处理起来比较困难。电压暂降会引起敏感控制器的误动作(引起跳闸),造成包括计算机系统失灵、自动化装置停顿或误动、变频调速器停顿等;引起接触器脱扣或低压保护启动,造成电动机、电梯等停顿;引起高温光源(碘钨灯)熄灭,造成公共场所失去照明。

(一)电压暂降和短时中断对计算机负荷的影响

目前,计算机设备安全工作电压为 90%~110%,当电压下降到 70%及以下时,若持续时间超过 20 ms,部分计算机就可能无法工作。IBM 公司统计表明,48.5%的计算机数据丢失都是由电压不合格造成的。另据估计,信息产业 80%的服务器出现瘫痪以及用户端 40%左右的数据丢失和出错均与电压暂降有关。对于由计算机控制的自动生产线、机器人、机械手、精密加工等,在电压暂降时也可能停止工作或产品质量下降。电压暂降可能使计算机及电子设备的硬件或软件的运行发生故障或错误,或使设备的低电压保护或快速过流保护动作而使设备电源跳闸,导致设备断电而彻底停止运行。

计算机和大部分电子设备(如电视机、复印机、传真机、PLC 等)的电源结构极为相似,因此它们对电压暂降的敏感机理也很相似,所不同的是由于电压暂降而造成的电源跳闸的后果不同,家用电器及个人用计算机发生严重电压暂降而停止工作所带来的仅仅是生活或工作上的不便,而对于过程控制计算机及大型计算机网络来说,则可能带来巨大的损失。

计算机及电子设备的电源简化结构如图 2-7 所示,通常为一个整流电路,交流电压经整流器整流后得到几百伏直流电压,再经 DC/DC 将其调节为 10 V 电压等级的直流电压供给设备。

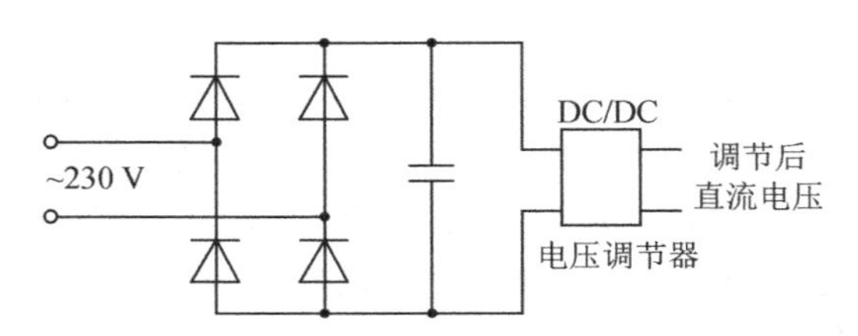

图 2-7　计算机类负荷电源简化拓扑

如果交流侧电压降低，整流器直流侧电压也将随之降低（图 2-8），但在一定的电压变化范围内，电源能保持输出电压恒定，使设备正常工作。但若整流器直流侧电压过低，电压调节器输出电压不能再维持恒定值时，将导致数字电子设备内部发生错误，或导致计算机电源跳闸。

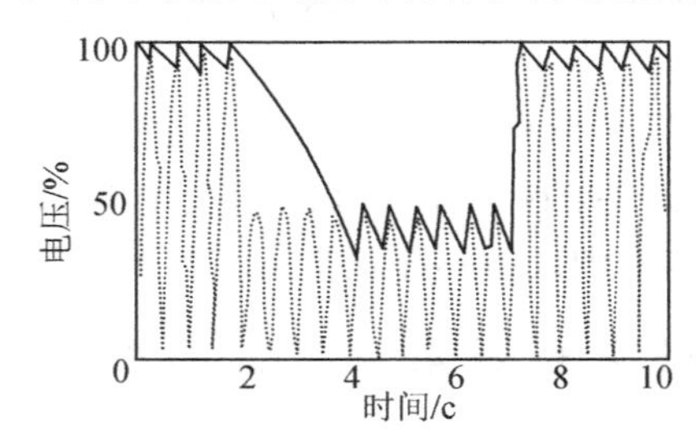

图 2-8　电压暂降发生时计算机电源直流侧电压示意

图 2-9 为简化的计算机类设备的电压暂降敏感度曲线。其中，U 为以标公值形式表示的电压幅值，U_{min} 为保证设备能够正常工作的最小电压，t 为持续时间，t_{max} 为设备能够承受短时电压中断的最大时间。事实上，其除了与电压暂降的幅值和持续时间有关，还与电压暂降发生前交流系统的电压水平和设备负载有关。若其他条件不变，在设备的安全电压范围内，交流系统在暂降发生前的电压水平越高，设备敏感度就越低；电压水平越低，设备敏感度就越高。而设备负载功率的大小同样给设备敏感度带来影响，负载率越高，设备敏感度就越高；负载率越低，设备敏感度就越低，如图 2-10 所示。

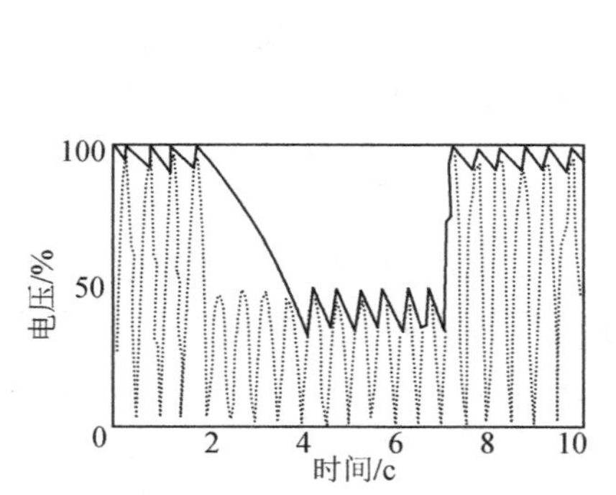

图 2-9　简化的计算机类设备电压暂降敏感度曲线

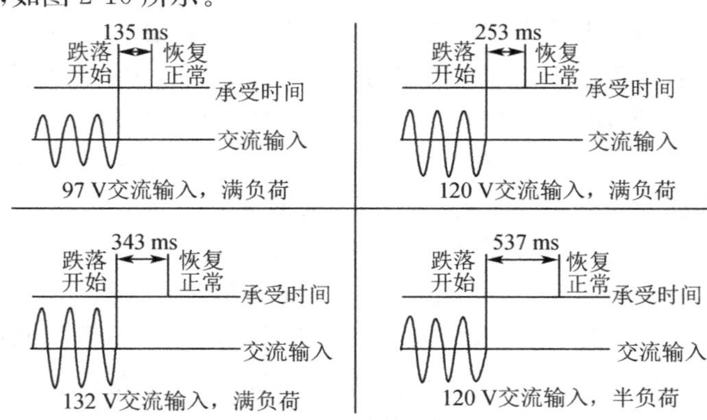

图 2-10　暂降前电压和负载率对计算机类设备敏感度的影响

不同类型的敏感负荷，对电压暂降和短时中断的耐受程度不同，电压暂降和短时中断对其影响的机理也不一样。分析电压暂降和短时中断对不同敏感负荷影响的机理、危害产生的过程和造成损失的大小，找出电压暂降对其影响的最关键部分，有利于更有针对性地采用经济有效的方式，减少电压暂降和短时中断对生产过程的影响。不同负荷的电压耐受曲线可以用 ITIC 曲线描述，具体阈值可参照设备参数说明或以试验方式测得。

(二)电压暂降和短时中断对电机类负荷的影响

在各类工业领域，电机类负荷广泛存在，通常由于特性的原因，生产线中多为直流电机和异步电机。

直流电机由于多用于精密机床或类似需要精确控制转速和转矩的场合，一方面通常对电压要求较高，设备内部多采用电容器等电压支撑元件，另一方面通常也会对此类设备配置 UPS 等电压保障设备，所以电压暂降或短时中断对直流电机影响通常很小。

异步电机作为工业生产中广泛应用的设备，电压暂降和短时中断对其影响主要体现在两方面：一是产生较大的冲击电流和冲击转矩，引起电流保护动作，导致电机中断运行、影响生产，甚至损坏电机转子轴；二是当电机带载运行时，电压暂降和短时中断持续时间过长会使电机无法穿越电压暂降区间，从而导致停机甚至烧毁。因此，有必要深入研究电压暂降和短时中断对异步电机运行性能的影响，为电机保护阈值的设定提供重要参考。

有研究以 5.5 kW、55 kW 和 135 kW 三台异步电机为例，以仿真手段研究电压暂降和短时中断的暂降幅值、持续时间、初始相位和相位跳变四个特征量对电机冲击电流和转矩峰值、转速最小值和电机临界切除时间的影响。最后，以 5.5 kW 电机为例进行了实测研究，验证仿真计算分析的正确性。

通过仿真和试验得出结论，相位跳变会增大定子冲击电流和冲击转矩、降低转速暂降时转速最小值和异步电机穿越电压暂降的能力。故在评估电压暂降和短时中断对异步电机运行影响时应该考虑相位跳变的因素，同时为了保证电动机的安全稳定运行，应尽量避免出现大角度的相位跳变；在三相对称电压暂降和短时中断中，不同暂降起始点对一相的电流峰值影响很大。但对于三相电流峰值的最大值来说，暂降起始点的影响很小。暂降起始点几乎不会对冲击转矩产生影响。

在工程实际中，用户最为关心的是电压暂降的持续时间对异步电机重启动的影响。如果电压暂降在某段时间内被清除，异步电机就能够重启动成功，反之则不能重启动成功。将这段时间定义为该电压暂降的临界清除时间。

由图 2-11 可知，当计及相位跳变时，临界清除时间变短，电机穿越电压暂降的能力变弱，稳定性降低。这是由于电压暂降瞬间的冲击转矩会影响电机的稳定运行，而当电压暂降和短时中断期间存在相位跳变时，产生冲击转矩更大，转矩恢复稳态时间更长，对电机稳定性影响更严重，故电压暂降后的临界清除时间变短。

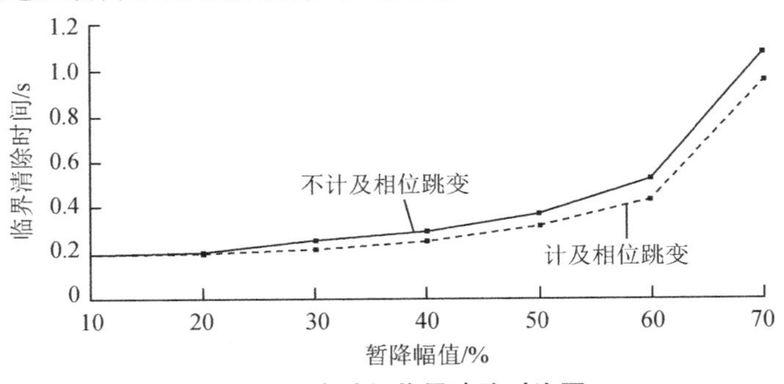

图 2-11　电动机临界清除对比图

(三)电压暂降和短时中断对变频调速设备的影响

变频调速设备是工业生产过程中非常关键的设备,其对电压暂降非常敏感,当电压下降超过可承受的阈值时,用户的变频调速装置就停止运转,并且当驱动过程对电机的转速和转矩要求严格时,装置对电压暂降就更加敏感。暂降发生时,变频调速装置可对工业过程造成直接或间接的影响。

通常情况下,变频调速设备主要由整流部分和逆变部分组成,其中,整流部分又分为不控整流和可控整流,可控整流的拓扑很多,对电压暂降和短时中断的敏感度差异也很大,为了简化分析过程,本节只分析不控整流拓扑的变频调速装置的电压暂降敏感度。

不控整流类变频调速设备的原理结构如图 2-12 所示。三相交流电压经三相二极管整流器整流后由直流侧电容器滤波,某些变频调速设备的直流侧可能还会串入一个电感,整流得到的直流电压经电压源型逆变器(VSC)逆变成频率和幅值都可变的交流电压供给电动机。

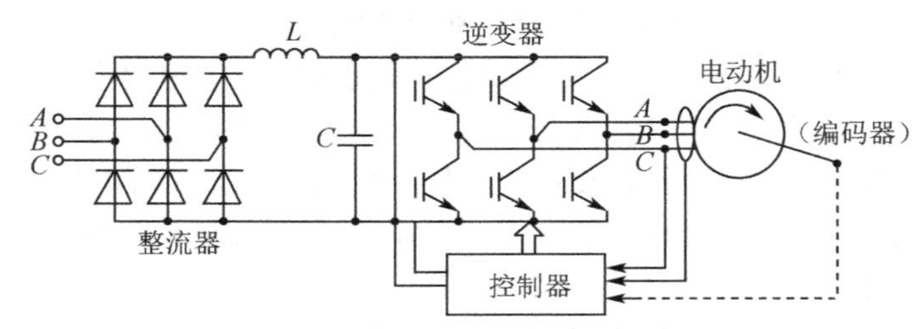

图 2-12 不控整流类变频调速装置典型拓扑

变频调速装置对电压暂降非常敏感。一方面,驱动装置的电气部分可能因电压跌落的发生而非正常工作或跳闸;另一方面,一些驱动装置所驱动的过程要求极其严格,可能不能承受因电压暂降而造成的电动机的转速和转矩的变化。大致说来,可调速驱动装置可能在下列情况下发生跳闸。

(1)为了防止对可调速驱动电力电子元件的损坏,当驱动控制器的保护检测到工作条件的突然变化时,可能会使可调速驱动跳闸。

(2)电压暂降引起的整流器直流侧电压的降低可能引起驱动控制器或逆变器的故障或跳闸。直流侧电压过低是造成驱动跳闸的主要原因。

(3)电压暂降期间交流侧电流的增大或暂降结束后,直流电容充电引起的过电流可能造成过电流保护动作跳闸或使保护电力电子元件的熔断器熔断。

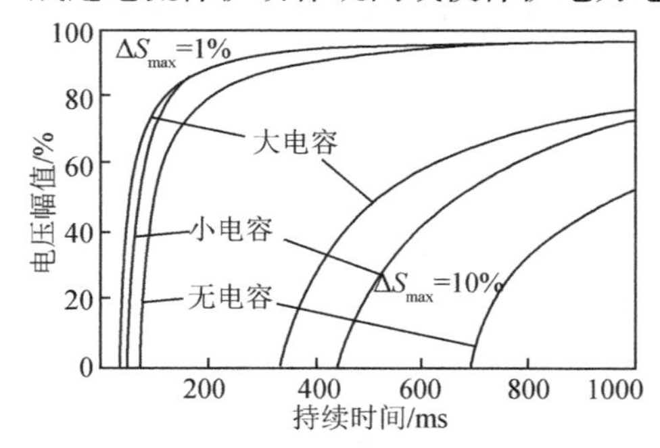

图 2-13 不控整流类变频调速设备对电压暂降的敏感度

驱动装置所驱动的过程不能承受因电压暂降而造成的电动机的转速和转矩的变化。跳闸后,一些驱动装置在电压恢复时立即重新启动,一些驱动装置在经过一定的延时后重新启动,另外一些则需要手动启动。只有在驱动过程中能承受一定的速度和转矩的变化时各种自动启动方式才是适用的。

图 2-13 为不控整流类变频调速设备对电压暂降的敏感度曲线,图中 ΔS_{max}是转差率容许值,纵坐标是电压暂降的跌落深度,横坐标表示暂降持续的时间。由图可以看出,变频调速设备的直流母线电

容对电压暂降敏感度的影响很大，在相同转差率容许值的情况下，大电容能够在发生电压暂降时起到很大的支撑作用。

（四）电压暂降和短时中断对照明类设备的影响

电压暂降和短时中断对照明类负荷的影响机理由电压暂降和短时中断的特征、照明负荷的电气特性、照明负荷的非电气特性（如拓扑结构、发光机理等）共同作用。例如气体放电灯在电压暂降和短时中断熄灭后，需冷却一定时间，待其放电管内金属蒸气气压下降，金属蒸气凝结后才会再启动，并随着温度逐步升高，发光越来越强直到正常，其重启的时间与灯的特性、电压暂降和短时中断的特征量有关。

研究结果表明，节能灯、白炽灯和 LED 灯对电压暂降和短时中断相对不敏感，恢复后能够瞬时启动；而钠灯和金属卤化灯对电压暂降和短时中断相对敏感，启动过程相对较长，启动特性差。不同类型照明负荷测试结果见表 2-5。

表 2-5 不同类型照明负荷电压暂降和短时中断测试结果

类型	启动特性	电压暂降和短时中断响应特性
钠灯	冷态启动约 5 min 后进入稳态，熄灭后 20 余秒开始启辉，约 3.5 min 恢复正常照明	电压暂降和短时中断至零，持续 5 ms 不熄灭，人眼可察觉闪烁，电压暂降和短时中断超过 5 ms 是否熄灭与暂降的幅值和时间有关
金属卤化灯	冷态启动约 3 min，熄灭后冷却时间长，8～10 min 后恢复正常照明	电压暂降和短时中断至零，持续 5 ms 不熄灭，人眼可察觉闪烁；电压暂降和短时中断超过 5 ms 是否熄灭与暂降的幅值和时间有关
节能灯	冷态启动不足 1 s，熄灭后可瞬时恢复照明	电压暂降和短时中断至零，持续 5 ms 不熄灭，人眼可察觉闪烁
白炽灯	瞬时启动，熄灭后可瞬时恢复照明	电压暂降和短时中断至零，持续 3 ms 不熄灭，人眼可察觉闪烁
LED 灯	瞬时启动，熄灭后可瞬时恢复照明	电压暂降和短时中断至零 80 ms 及以下不熄灭，人眼无察觉

（五）电压暂降或短时中断对接触器类负荷的影响

交流接触器作为连通或切断电路的一种机电设备，在多个行业都有较广泛的应用。交流接触器是电压暂降和短时中断敏感设备之一，当其经受电压暂降和短时中断时，相关过程控制系统可能被中断，因而会造成用户的巨大损失，尤其在电压暂降和短时中断发生频次较高的地区，损失会更为严重。

暂降幅值与持续时间是影响交流接触器敏感度的重要因素。当暂降幅值高于交流接触器正常工作的临界幅值时，交流接触器不会脱扣；反之，则可能脱扣，且脱扣与否和持续时间密切相关。

在电力系统中，单相故障或两相故障由于电弧等因素的影响会发展成为三相故障，此过程引起的电压暂降和短时中断是一个暂降发生于另一个暂降还未结束时，称为连续电压暂降和短时中断，其电压下降、恢复过程较复杂，对系统中设备影响也较大。暂降幅值和持续时间相同的连续暂降的波形对交流接触器是否断开存在较大的影响。

由于恶劣气候条件导致两个或多个电压暂降和短时中断短时内相继发生；或由自动重合闸失败引起多重暂降；自动重合闸成功或故障切除后，由于变压器的励磁涌流会引起另一个暂降，从而形成多重暂降。多重暂降的波形对于交流接触器具有较大的影响。多重暂降中，若是先发生较为严重的暂降，然后又发生暂降幅值较大的电压暂降和短时中断，交流接触器的敏感度就会增加；反之，交流接触器的敏感度就会下降。

五、电压暂降和短时中断对敏感用户影响

电压暂降和短时中断对敏感用户的影响很大，是造成用户损失最大的一类电压质量问题，也是用户投诉最多的电压质量问题。虽然上文介绍了电压暂降和短时中断对用户设备的影响，但事实上，由于不同用户的典型用电设备组成、负荷特性、用户生产行为等存在较大差异，即使是相同的设备，出现问题时造成的损失差别也很大。

表 2-6 给出了对电压暂降和短时中断比较敏感的负荷与用户的对应关系及电压暂降和短时中断发生时可能给用户带来的损害。

表 2-6　电压暂降敏感设备与电压暂降敏感用户

负荷类型	典型设备	关键用户	电压暂降和短时中断的影响
照明类负荷	白炽灯、钠灯、金属卤化物灯、LED 灯等	体育场馆、会议中心、城市综合体、大型公建、剧院、医院等	电压暂降和短时中断对钠灯和金属卤化灯的影响很大，两者熄灭后启动时间长，当应用于公共区域、比赛场馆和大型会议场所等时，电压暂降和短时中断导致的短时间失去照明，可能造成严重的政治影响或人员恐慌，踩踏等伤亡事故
电动机类负荷	部分生产线、机床类设备、给煤机、扬机、泵、部分采暖设备及冷却设备	纺织、机加工、精密制造、化工行业、煤炭、水处理、城市建筑、大型公建、供暖及供冷、需要冷却设备保障的行业等	直流电机在严重电压暂降和短时中断的情况下，直接跳闸；工业生产中广泛应用的异步电机，电压暂降和短时中断对其影响主要体现在两方面：一是产生较大的冲击电流和冲击转矩，引起电流保护动作，导致电机中断运行、影响生产，甚至损坏电机转子轴；二是当电机带载运行时，电压暂降和短时中断持续时间过长会使电机无法穿越电压暂降区间，从而导致停机甚至烧毁
计算机类负荷	计算机、服务器、PLC 等过程控制设备、芯片生产线、精细化工生产设备、通信设备等	普通用户、数据中心、精密制造、精细化工、通信行业等	电压暂降和短时中断对计算机类负荷的影响，主要诱因是电压暂降和短时中断过程导致的计算机电源工作异常，从而导致计算机在电压暂降和短时中断发生时异常关机，损坏计算机内元件，造成大量数据丢失，计算或控制过程终止或紊乱
接触器类负荷	精细化工生产设备、芯片生产线、数控机床、制冷设备等，几乎全部自动化生产线	制造业、精细化工、水处理、城市建筑、大型公建、供暖及供冷、需要冷却设备保障的行业等	交流接触器作为连通或切断电路的一种机电设备，在多个行业都有较广泛的应用。交流接触器是电压暂降和短时中断敏感设备之一，当其经受电压暂降和短时中断时，相关过程控制系统可能被中断，因而会造成用户的巨大损失，尤其在电压暂降和短时中断发生频次较高的地区，损失会更为严重

(一)电压暂降和短时中断对半导体制造行业的影响

现代化的半导体生产设备对电力品质问题非常敏感,相对于传统工业来说,半导体制造业具有要求超微细加工及高洁净度生产环境的特点,除需要有极其纯净而且稳定的供水、供气等之外,对供电质量的要求也非常之高。

每一次停机所造成的经济损失在半导体行业是以几十万、几百万甚至上千万计算的,所以电压暂降和短时中断已上升为对半导体制造厂影响最大的电能质量问题。

2016 年 6 月 18 日,西安长安区变电站起火爆炸,三星公司位于西安的半导体工厂成为"最受伤"的公司。西安变电站爆炸引起的停电,使位于西安的三星半导体工厂流水线意外停产,"据三星电子估算,由于生产受到影响,损失规模可能达到数百亿韩元(超过亿元人币)"。该三星半导体工厂是目前三星电子唯一一个对 3DNADAFlash 进行量产的工厂。此次事故对 3D 闪存芯片产量的影响,对全球固态硬盘市场也产生了极大影响。

正因为半导体行业对电压质量的超高要求,专门制定了针对半导体工艺设备的电压暂降和短时中断容限标准 SEMI F47。SEMI F47 标准是由半导体工业协会(SEMI)制定的,它对半导体设备能承受的电压暂降和短时中断等级的通用免疫能力做出了定义。该标准要求此类设备在遭遇电压暂降和短时中断时在图 2-14 中的黑色曲线上方能够正常工作。半导体设备要求按照此标准来进行。

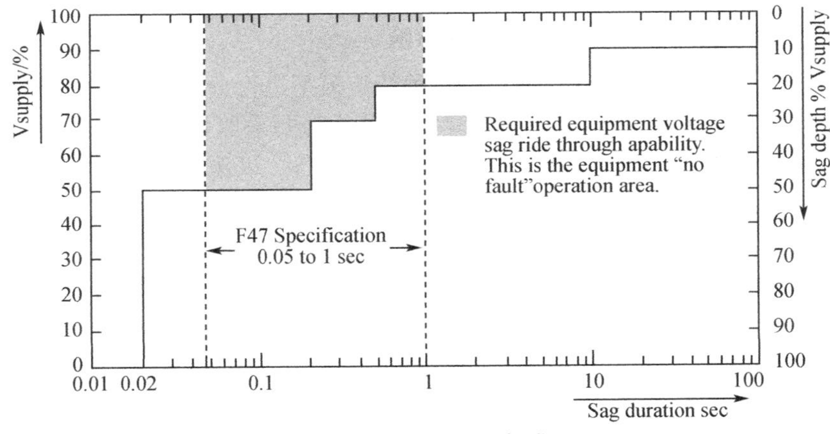

图 2-14　SEMIF47 标准

(二)电压暂降和短时中断对过程型生产制造行业的影响

现代工业自动化程度高,大部分生产制造行业为过程型生产企业,生产工艺环环相扣,设备之间存在连锁关系,一旦某一设备或工艺环节停运,就可能影响整条生产线甚至整个工厂的稳定和安全运行,从而带来十分严重的后果。火电厂、石油化工、煤化工、化纤、汽车制造、轮胎制造等行业都属于过程型生产企业,在过程型生产企业的生产活动中,PLC、变频器、总线、接触器、继电器、控制器等对电压暂降和短时中断较为敏感的元件和设备大量使用,虽然这些元件和设备对电压暂降和短时中断的敏感不尽相同,但是一旦这些元器件因电压暂降和短时中断停止工作,整套设备或流水线都会受到影响。相对过程型生产企业来说,一些离散型生产企业受电压暂降和短时中断影响的损失相对要小得多。

(三)电压暂降和短时中断对金融行业的影响

现代金融业高度依赖计算机技术、大数据技术和互联网技术,银行、保险、证券等关乎国家经济命脉的机构都建设有独立的计算机中心和数据中心，并配置专有的高度加密的互联网通道。电压暂降和短时中断造成的计算机死机或重启，极容易造成数据丢失、网络瘫痪和金融服务中断，对一定范围内的金融活动和人民群众经济生活带来极大的损害。

尽管金融行业大多为关键计算机负荷、数据中心和网络服务器等配置UPS等供电保障设备，且多有冗余配置，但由于设备运维水平所限，存在供电保障设备不在线的情形。例如在某金融机构委托代维的数据中心进行UPS常规检修过程中，检修人员未按规程操作，将所有UPS同时退出运行，检修期间，恰逢雷雨天气，发生多次不同幅度电压暂降和短时中断，造成数据中心死机，该金融机构全国范围内服务中止，所幸该机构数据有异地备份，才未造成更严重的后果。

（四）电压暂降和短时中断对通信行业的影响

近现代以来，各行业的生产经营活动以及居民日常行为高度依赖互联网、电话等通信手段，大范围的通信中断会带来不可估量的经济损失，甚至导致严重的政治事故。通信行业融合计算机技术、大数据技术、互联网技术和物联网技术等，关键负荷为计算机中心、数据中心、通信基站等，电压暂降和短时中断造成的计算机停机或重启极容易造成数据丢失、网络瘫痪和大范围通信中断，对事故区域的生产生活带来极大的影响，直接经济损失巨大，间接经济损失难以估量。

（五）电压暂降和短时中断对其他行业的影响

公共服务行业涉及的对象广泛，很难以某种特定模型进行分析，但很多公共服务部门都关系到民生、公共安全和国家安全，某些关键用电设备需要采取各种手段保证其接近100%的可靠性，所以绝大多数关键设备都配备了供电保障设备。以医疗卫生行业为例，用电负荷一般分成照明系统、医疗动力、空调系统、新风机、空调机、风机盘管、应急照明系统等，其中真空吸引、X光机、CT机、MRI机、DSA机、ECT机等的设备主机，烧伤病房、血透中心、中心手术部的电力及照明，CT机、MRI机、DSA机、ECT机的空调电源都属于一类负荷，需要保证不间断供电。在不采用UPS等供电保障设备的条件下，一定程度的电压暂降和短时中断就会导致这些设备的运行异常，严重影响医疗活动和患者生命安全，所幸这些关键设备大多采用可靠的供电保障措施，基本可以避免电压暂降和短时中断可能会造成的影响。

大型商业中心的电压暂降和短时中断敏感负荷主要是升降电梯和自动扶梯等电机拖动设备、照明设备、空调等压缩机设备。电压暂降和短时中断可能导致电梯运行急停，造成人员伤亡事件发生；电压暂降和短时中断可能会导致商场内照明设备停运，引起恐慌或踩踏事故；电压暂降和短时中断可能会引起空调等压缩机设备停止运行，降低商场内人员的舒适度，极端炎热情况下，可能会导致个别人群的健康风险。

第五节　小　　结

本章详细介绍了各类电压质量问题的诱因、传播特点、对电网及电网设备的影响和对用户及用户设备的影响。事实上，本节所介绍的内容都是对各个内容的简单介绍，并未深入涉及机理性的内容。

第三章 供电电压管理规则

第一节 供电营业规则与供电监管办法

《供电营业规则》和《供电监管办法》两个文件是其他供电电压管理规定和文件的重要依据，本节内容需要应用管理学相关理论，对两个文件进行提炼和适应性解读。

一、《供电营业规则》

为加强供电营业管理，建立正常的供电营业秩序，保障供用双方的合法权益，根据《电力供应与使用条例》和国家有关规定，1996 年中华人民共和国电力工业部制定了《供电营业规则》。《供电营业规则》是供电企业和用户在进行电力供应与使用活动中必须遵守的规定，供电企业在供电服务过程中的所有行为必须符合本规则的相关规定。

《供电营业规则》规定了十部分内容，包括总则，供电方式，新装、增容与变更用电，受电设施建设与维护管理，供电质量与安全供用电，用电计量与电费计收，并网电厂，供用电合同与违约责任，窃电的制止与处理和附则。本节逐一对与供电电压管理有关的条款进行介绍。

(一)供电方式

这部分内容规定了供电企业进行供电服务时选择供电方式的原则。

其中，第五、六条规定了供电电压的频率和额定电压。

第七、八条规定了供电企业为用户提供供电服务时，供电方式的确定原则，这部分内容与供电企业的供电电压管理工作强相关。

第七条中规定："供电企业对申请用电的用户提供的供电方式，应从供用电的安全、经济、合理和便于管理出发，依据国家的有关政策和规定、电网的规划、用电需求以及当地供电条件等因素，进行技术经济比较，与用户协商确定。"本条内容的重点在于，在进行供电方式的选择过程中，与用户协商的基础是必须满足供用电安全的要求、供电企业管理的要求，同时要考虑电网规划及当地供电条件等因素。依据本条规定，在进行供电电压管理过程中，供电企业可以根据供用电安全和供电电压管理的需求，与用户协商进行供电方式的变更或调整。

第八条中规定："用户单相用电设备总容量不足 10 千瓦的可采用低压 220 伏供电。但有单台容量超过 1 千瓦的单相电焊机、换流设备时，用户必须采取有效的技术措施以消除对电能质量的影响，否则应改为其他方式供电。"本条内容的重点在于，为了保证用户接入点的供电质量和供电可靠性，用户必须采取技术措施消除自身用电行为对电网的影响，否则供电企业为了保证供电质量，有权调整或变更其供电方式。

第九至十四条规定了大用户、重要用户和非永久性用户的供电方式确定依据以及涉及转供电时的相关规则。

第十五条中规定："为保障用电安全，便于管理，用户应将重要负荷与非重要负荷、生产用电与生活区用电分开配电。新装或增加用电的用户应按上述规定确定内部的配电方式，尚未达到上述要求的用户应逐步进行改造。"本条内容的重点在于，由于供电企业与用户的供电界面在用户接入点，用户内部的负荷和设备难以纳入供电企业的管理序列，为了保证用户的用电可靠性和用电安全，用户在用电过程中必须对负荷进行分类管理。

(二)新装、增容与变更用电

这部分内容规定了用户进行新装、增容和用电变更时的手续和相关规定。

这部分内容中与供电电压管理相关的内容主要是在第十七、十八条中体现，其中规定了用户必须提供用电行为相关的资料，保证供电企业在供电服务过程中能够对供电质量和供电安全进行评估和管理。

(三)受电设施建设与维护管理

这部分内容规定了受电设施建设和维护的工作和管理界面。

这部分内容中与供电电压管理相关的内容主要有三个方面：一是受电设施建设和维护管理的档案资料的提交、审查和管理；二是对于用户无功功率补偿相关的规定；三是受电设施管理和产权界面。

第三十七至四十条规定了受电设施建设和维护管理档案资料的提交、审查和管理相关的内容，第四十三条规定了用户应该提供的相关竣工资料。这些关于档案资料的管理规定是保证供电质量、供电安全和供电可靠性的重要依据。

第四十一条中规定："无功电力应就地平衡。用户应在提高用电自然功率因数的基础上，按有关标准设计和安装无功补偿设备，并做到随其负荷和电压变动及时投入或切除，防止无功电力倒送。除电网有特殊要求的用户外，用户在当地供电企业规定的电网高峰负荷时的功率因数，应达到下列规定：100 千伏安及以上高压供电的用户功率因数为 0.90 以上；其他电力用户和大、中型电力排灌站、趸购转售电企业，功率因数为 0.85 以上；农业用电，功率因数为0.80以上。"这部分内容提出了对用户的功率因数的要求，配合对应的罚则，可以有效地保证供电企业进行供电电压和无功管理相关工作的有效性。

第四十四至五十一条规定了受电设施产权、管理、维护的界面，这部分内容的重点在于明确了供电企业和用户的权利和责任，避免在供用电过程中出现管理的盲区，界面确定基本的原则是在法规的基础上，由供用电双方协商完成。

(四)供电质量与安全供用电

这部分内容是《供电营业规则》中与供电电压管理工作相关性最强的内容。

第五十二条规定了供电企业和用户必须依据有关法律、法规和标准，定制并遵守相关安全供用电的规程制度。

第五十三条规定了在电力系统正常状况下和非正常情况下，供电频率的允许偏差。

第五十四条规定了在电力系统正常状况下，供电企业供到用户受电端的供电电压允许偏差，35 千伏及以上电压供电的，电压正、负偏差的绝对值之和不超过额定值的 10%；10 千伏及以下三相供电的，为额定值的±7%；220伏单相供电的为额定值的+7%，-10%。在电力系统非正常状况下，用户受电端的电压最大允许偏差不应超过额定值的±10%。用户用电功率因数达不到本规则第四十一条规定的，其受电端的电压偏差不受此限制。

第五十五条规定了电网公共连接点电压正弦波畸变率和用户注入电网的谐波电流不得超过国家标准GB/T 14549—1993的规定。否则，供电企业可中止对其供电。

第五十六条规定了用户的冲击负荷、波动负荷、非对称负荷对供电质量产生影响或对安全运行构成干扰和妨碍时，用户必须采取措施予以消除。如不采取措施或采取措施不力，达不到国家标准GB 12326—1990或GB/T 15543—1995规定的要求时，供电企业可中止对其供电。

第五十七条规定了供电企业应不断改善供电可靠性，减少设备检修和电力系统事故对用户的停电次数及每次停电持续时间。供用电设备计划检修应做到统一安排。供用电设备计划检修时，对35千伏及以上电压供电的用户的停电次数，每年不应超过一次；对10千伏供电的用户，每年不应超过三次。这条规定应该是供电企业必须满足的关于供电可靠性的最低标准。

第五十八条规定了供电企业和用户应共同加强对电能质量的管理。

第五十九条规定了供电企业和用户的供用电设备计划检修应相互配合，尽量做到统一检修。

第六十至六十九条规定了供电企业和用户必须保证足够的供用电安全措施，包括管理措施和技术措施。

《供电营业规则》中的其他条款与供电电压管理工作直接相关性不大，但在供电电压管理工作中，如有涉及，仍需遵守。

此外，由于《供电营业规则》制定于20世纪90年代，随着我国电网结构和电网设备的演变，供电企业和用户在供用电过程中产生了一些新的情况和需求，《供电营业规则》中部分条款在实际应用过程中显得不够具体。对此，各地供电企业和供电管理部门根据当地的产业情况和电网特点，制定了一些《供电营业规则》的补充条款和实施细则，这些补充条款和实施细则可以作为《供电营业规则》的补充，但不能与之相违背。

二、《供电监管办法》

为了加强供电监管，规范供电行为，维护供电市场秩序，保护电力使用者的合法权益和社会公共利益，根据《电力监管条例》和国家有关规定，国家电力监管委员会（以下简称"电监会"）制定本《供电监管办法》。电监会依照本办法和国家有关规定，履行全国供电监管和行政执法职能。

供电企业应当依法从事供电业务，并接受电监会及其派出机构（以下简称"电力监管机构"）的监管。供电企业依法经营，其合法权益受法律保护。

《供电监管办法》包括总则、监管内容、监管措施、罚则和附则五个部分。供电电压质量是《供电监管办法》所监管的重要内容，供电企业的供电电压管理工作的目标之一就是必须令供电电压质量满足《供电监管办法》提出的要求。本节就《供电监管办法》中关于供电电压管理的条款逐一解读。

（1）本办法的第六条规定电力监管机构需要对供电企业的供电能力进行监管。这部分内容的核心是监督供电企业采取有效的技术措施和管理措施，不断加强供电设施的建设，保障供电设施的正常运行，时刻保障本身具有满足供电区域内用户用电需求的能力。

(2)本办法的第七条规定电力监管机构对供电企业的供电质量实施监管。

在电力系统正常的情况下，供电企业的供电质量应当符合下列规定。

①“向用户提供的电能质量符合国家标准或者电力行业标准。”本条规定对供电企业提供的电能提出了明确的要求，目前已颁布的电能质量国家标准有九项，分别就各种电能质量相关的术语、定义、限值和计算方法等给出了明确的标准。但用户接入点的电能质量与供电企业和用户都相关，很多接入点的电能质量问题是由用户行为导致的。所以，这条规定的执行需要与供用电合同、《供电营业规则》和其他配套规则相结合。但对供电频率偏差、供电电压偏差这两类电能质量问题，供电企业需要承担完全责任。

②“城市地区年供电可靠率不低于99%，城市居民用户受电端电压合格率不低于95%，10千伏以上供电用户受电端电压合格率不低于98%。”本条规定了供电电压可靠性的最低要求，通常情况下，供电企业都可以满足。

③“供电企业应当审核用电设施产生谐波、冲击负荷的情况，按照国家有关规定拒绝不符合规定的用电设施接入电网。用电设施产生谐波、冲击负荷影响供电质量或者干扰电力系统安全运行的，供电企业应当及时告知用户采取有效措施予以消除；用户不采取措施或者采取措施不力，产生的谐波、冲击负荷仍超过国家标准的，供电企业可以按照国家有关规定拒绝其接入电网或者中止供电。”本条规定体现了监管办法的公平性，由于电能这种产品的特殊属性，电能质量需要供用电双方共同保障，供电企业需要保障所有用户的供电质量，对供电质量负有管理责任和管理权利，根据《供电营业规则》《电力监管条例》及其他相关法律法规，供电企业有权清理威胁供电可靠性的污染源负荷的接入。

供电企业的供电电压管理工作，要严格遵照本条规定，保障供电质量。

(3)本办法的第八条规定电力监管机构对供电企业设置电压监测点的情况实施监管。

供电企业应当按照下列规定选择电压监测点：35千伏专线供电用户和110千伏以上供电用户应当设置电压监测点；35千伏非专线供电用户或者66千伏供电用户、10(6、20)千伏供电用户，每10 000千瓦负荷选择具有代表性的用户设置1个以上电压监测点，所选用户应当包括对供电质量有较高要求的重要电力用户和变电站10(6、20)千伏母线所带具有代表性线路的末端用户；低压供电用户，每百台配电变压器选择具有代表性的用户设置1个以上电压监测点，所选用户应当是重要电力用户和低压配电网的首末两端用户。供电企业应当按照国家有关规定选择、安装、校验电压监测装置，监测和统计用户电压情况。监测数据和统计数据应当及时、真实、完整。

以上关于监测点的布点原则是电力监管机构为了有效监管供电企业的供电质量提出的最低要求。事实上，国家电网公司和南方电网公司在进行电能质量监测点布点时，还需要充分考虑自身供电电压质量管理工作的需求，实际的监测点布置数量和密度都要高于本办法的要求，而且除专用的电能质量监测装置以外，电力系统的其他数据采集装置也都为供电电压管理提供了丰富、及时、准确的数据资源。

《供电监管办法》的其他条款与供电电压管理工作没有直接的关系，但在进行供电电压管理工作过程中如有涉及，需充分遵照本办法的条款执行。

三、本节小结

在供电电压管理工作中，必须遵照《供电营业规则》和《供电监管办法》两个文件相关条款的规定执行。

事实上，《供电营业规则》和《供电监管办法》提出的是原则性的规定，而实际的供电电压管理工作的具体执行过程中还需要遵照电力管理部门和供电企业内部的相关规定，也需要充分体现相关的国家标准、行业标准和企业标准。同时，针对不同的管理对象，供电电压管理工作也需要采取更有针对性的管理办法。

第二节　电力系统电压和无功电力管理

电力系统的电压和无功管理，需要管理规定和技术规范相结合。目前，在执行中的主要有如下两个文件：《电力系统电压和无功电力管理条例》和《电力系统电压和无功电力技术导则》(DL/T 1773—2017)。

其中，《电力系统电压和无功电力管理条例》是国家能源部颁布的针对电力系统电压和无功管理的指导性文件，给出了电力企业进行电压和无功管理的根本原则；《电力系统电压和无功电力技术导则》(DL/T 1773—2017)是供电电压管理的技术指导性文件，2017 年版导则是对《电力系统电压和无功电力技术导则》(SD 325—1989)的修订升级。

一、《电力系统电压和无功电力管理条例》

《电力系统电压和无功电力管理条例》是 1988 年国家能源部颁布的对于电力系统电压和无功电力管理方面的指导性文件，虽然颁布时间较早，但一直是发电厂、供电企业和用户进行电压和无功管理的纲领性文件。

《电力系统电压和无功电力管理条例》包括总则，电力系统和用户受电端的电压监测与考核，发电厂、变电站的调压及无功补偿设备的管理，电力用户的功率因数及无功补偿设备的管理，电力系统无功电源的建设和附则六部分。本节就其中的关键内容逐一解读。

(一)总则

总则部分提出了进行电力系统电压和无功管理总的要求和纲领。

第一条描述了进行电力系统电压和无功管理的重要意义，提出："各级电力部门和各用电单位都要加强电压和无功电力的管理，切实改善电网电压和用户端受电电压。"这部分内容明确指出了电力系统电压和无功管理需要所有成员的参与，发电厂、供电企业和用户都必须加强电压和无功电力的管理。

第二条描述了发电厂、供电企业和电力用户进行电压和无功管理时的基本工作路径："为使各级电压质量符合国家标准，各级电力部门要做好电网的规划、建设和管理，使电网结构、布局、供电半径、潮流分布经济合理。各级电压的电力网和电力用户都要提高自然功率因数，并按无功分层分区和就地平衡以及便于调整电压的原则，安装无功补偿设备和必要的调压装置。这部分内容的重点在于，一方面，电压和无功管理要贯穿于电力供应的整个流程，从规划、建设、管理各个环节都要保证电网结构的合理性和经济性；另一方面，供电企业和用户都需要进行无功补偿，在部署无功补偿设备的时候，需要按照无功分层分区和就地平衡的原则，避免线路上产生过大的无功潮流。

第三条规定了电压和无功电力要实行分级管理，并规定了供电企业和电力用户的工作职责。这部分内容是从管理效率和管理有效性的角度考虑，同时结合无功补偿需要分层分区和就地补偿的原则，规定了进行电压和无功电力补偿也必须落实到属地管理。这部分内容的重点在于，规定了供电企业进行电压和无功管理工作时的职责，即“各级电力部门要对所管辖电网（包括输配电线路、变电站和用户）的电压质量和无功电力、功率因数和补偿设备的运行进行监察、考核”；规定了电力用户需要为电压和无功管理提供的数据和资料，即“各电力用户都要向当地供电部门按期报送电压质量和无功补偿设备的安装容量和投入情况以及无功电力和功率因数等有关资料”；规定了供电企业和用户都必须提高各自无功补偿设备的运行水平，即“电网和用户都要提高调压装置和无功补偿设备的运行水平”。

（二）电力系统和用户受电端的电压监测与考核

对于电力系统和用户受电端的电压监测与考核相关的规定，虽然从内容上与现行的电力体制和供电企业的实际情况有所偏差，但总体的思想是一直贯穿于供电企业电压和无功监测与考核工作的始终。

这部分内容在后来颁布的《供电营业规则》和《供电监管办法》等文件中都有对应更为具体的描述。

（三）发电厂、变电站的调压及无功补偿设备的管理

这部分内容规定了发电厂、变电站的调压及无功补偿设备的管理原则和工作办法。

第八条规定了电力调度部门在进行调压和无功设备管理时的工作职责，即“电力调度部门要根据电网负荷变化和调整电压的需要编制和下达发电厂、变电站的无功出力曲线或电压曲线”。

第九、十条规定了发电厂和变电站的无功补偿设备的运行原则。这部分内容的重点在于两个方面：一方面，发电厂和变电站的无功补偿设备必须遵循调度部门下达的无功曲线或电压曲线，不得任意改变无功出力；另一方面，无功补偿设备运行必须按照逆调压的原则进行。但当电网发生事故和危及设备安全的情况时，可以根据实际情况进行应急响应。

第十一条规定了有载调压变压器相关的配置和管理原则。

（四）电力用户的功率因数及无功补偿设备的管理

这部分内容对电力用户的功率因数和无功补偿设备的管理提出了明确的要求。

第十二条明确规定了用户在当地供电局规定的电网高峰负荷时应该达到的功率因数，即“高压供电的工业用户和高压供电装有带负荷调整电压装置的电力用户功率因数为0.90及以上，其他 100 kV·A(kW)及以上电力用户和大、中型电力排灌站功率因数为 0.85 及以上，趸售和农业用电功率因数为 0.80 及以上”。这部分内容在《供电营业规则》中也有对应的规定。

第十三条规定了电力用户的无功补偿设备的运行原则，即“电力用户装设的各种无功补偿设备（包括调相机、电容器、静补和同步电动）要按照负荷和电压变动及时调整无功出力，防止无功电力倒送”。这部分内容的关键在于，从电网运行安全和电网无功潮流管理角度考虑，不允许用户电力设备进行无功倒送。

第十四条规定了可以依据国家批准的《功率因数调整电费办法》的有关规定，实行功率因数考核和电费调整。

（五）电力系统无功电源的建设

第十五条规定了供电企业和电力用户进行无功电源建设的过程中需要遵循无功电力分层分区和就地平衡的原则，做好无功补偿设备的规划、设计、建设，合理安排无功电源。电力部门在建设有功电源的同时，应根据电网结构、潮流分布等情况建设相应的无功补偿设备，不留缺口。这部分内容的关键在于，再次重申了无功电力分层分区和就地平衡的原则，明确了无功电源的建设要从规划设计阶段就考虑进去。

二、《电力系统电压和无功电力技术导则》(DL/T 1773—2017)

《电力系统电压和无功电力技术导则》(DL/T 1773—2017)是在SD 325—1989的基础上，参考近年来发布的国家标准和电力行业标准，总结SD 325—1989实施以来我国电力系统规划、运行的经验，汲取电网管理及运行维护单位的意见，结合科学技术进步、电网规模扩大、新设备投入使用等特点，对SD 325—1989相应条文进行了深化和完善：增加了对1 000 kV交流系统无功补偿的相关要求；增加了对风电场、光伏发电站等新能源发电的相关要求；增加了对电力用户无功补偿的要求；增加了对各电压等级变电站无功补偿设备配置的相关要求。

《电力系统电压和无功电力技术导则》(DL/T 1773—2017)是发电厂、供电企业和电力用户进行电压和无功电力管理时需要遵循的基本技术原则，包括范围、规范性引用文件、术语和定义、基本要求、电压允许偏差值、无功平衡和无功补偿、发电机及调相机、变压器调压方式及调压范围的选择、电力用户的无功补偿和电力系统的电压调整与监测十部分内容。本节就其中的关键内容逐一介绍。

（一）基本要求

这部分内容规定了进行电力系统电压管理和无功补偿应该遵循的基本原则和基本的技术要求，也是后续条款遵照的总体原则。

(1)规定了电力系统各电压等级网络的运行电压应符合电压允许偏差值的要求。

(2)规定了电力系统中无功电源的安排应有规划，并留有适当裕度。

(3)规定了电力系统中的无功补偿容量应能保证系统在负荷高峰和负荷低谷运行方式下，达到分层和分区的无功平衡，并应避免经长距离线路或多级变压器传送无功功率。

(4)规定了电力系统应有事故无功电源备用，无功电源中的事故备用容量，应主要储备于运行的发电机、调相机和动态无功补偿设备中，以便在电网发生因无功电源不足导致电压崩溃事故时，能够快速增加无功容量，保证电力系统的稳定运行。

(5)规定了发电机或调相机应带自动调节励磁（包括强行励磁）运行，并保持其运行的稳定性。

(6)规定了无功补偿设备的配置与设备类型选择，应进行技术经济比较，并应具有灵活的无功电力调节能力以及系统事故和检修停用的备用容量。220 kV及以上电网无功电源容量还应考虑提高电力系统稳定的作用。

(7)规定了电力系统的配电网络应根据电压损失允许值、负荷密度、供电可靠性并留有一定裕度的原则,确定合理的供电半径。

(二)电压允许偏差值

这部分内容规定了电力系统的电压允许偏差值,其中用户受电端供电电压偏差的允许值与《电能质量 供电电压偏差》GB/T(12325—2008)中规定的一致,本节内容不再赘述。

此外,还规定了对发电厂和变电站的电压允许偏差值。规定的基本原则是能够保证电力系统的同步稳定、电压稳定、厂用电的正常使用及下一级电压的调整。以发电厂 220 kV 母线和 330 kV 及以上变电站中压侧母线为例,规定"发电厂 220 kV 母线和 330 kV 及以上变电站中压侧母线正常运行方式时,电压允许偏差为系统标称电压的 0～+10%;非正常运行方式时为系统标称电压的−5%～+10% "。

从风电场和光伏电站这类新能源发电的实际运行特点考虑,专门规定了其并网点的电压允许偏差值,即"当公共电网电压处于正常范围内时,通过 110 (66) kV 及以上电压等级接入公共电网的风电场和光伏发电站应能控制并网点电压在标称电压的 97%～107%范围内。接入 66 kV 以下配电网的分布式电源,其并网点的电压偏差应满足用户受电端供电电压允许偏差值的规定"。

(三)无功平衡和无功补偿

这部分内容规定了无功平衡和无功补偿设备容量配置的基本技术原则。

1. 330 kV 及以上电压等级变电站和线路

对于 330 kV 及以上电压等级变电站,无功功率主要消耗在变压器和输电线路上,所以此时容性无功补偿设备的容量需要能够补偿变压器无功损耗以及输电线路输送容量较大时电网的无功缺额。通常情况下,330 kV 及以上电压等级变电站容性无功补偿容量可按主变容量的 10%～20%配置。

对于 330 kV 及以上电压等级线路,则需要根据实际情况加装一定容量的并联电抗器,并联电抗器的容量应足以补偿输电线路的充电功率。

对于短线路较多的局部地区 330 kV 及以上电压等级电网,应根据电网结构,在适当地点装设带断路器的高压并联电抗器,补偿线路的充电功率。

对于 1 000 kV 交流电压等级的变电站,其无功补偿设备的配置还需要符合 GB/Z 24847—2009 的规定。

2. 220 kV 变电站的无功补偿

对于 220 kV 变电站来讲,容性无功补偿设备主要用来补偿主变压器无功损耗,并适当补偿部分线路的无功损耗。所以,容性无功补偿设备容量总的配置原则为"按照主变压器容量的 10%～25%配置,并满足 220 kV 主变压器最大负荷时,其高压侧功率因数不低于0.95" 。

对于无功补偿设备所接入母线有直配负荷的 220 kV 变电站,容性无功补偿容量可按 25%配置;当无功补偿设备所接入母线无直配负荷或变压器各侧出线以电缆为主时,容性无功补偿容量可按 10%配置。

对于 220 kV 变电站,无功补偿设备的最大分组容量应该保证最大单组投切引起所在母线电压的变化不宜超过电压标称值的 2.5%。

对于进、出线以电缆为主的 220 kV 变电站，可根据电缆长度配置相应的感性无功补偿设备。每一台变压器的感性无功补偿容量不宜大于主变压器容量的 20%，或经过技术经济比较后确定。

3. 35 kV～110 kV 变电站的无功补偿

对于 35 kV～110 kV 变电站来讲，容性无功补偿设备主要用来补偿主变压器无功损耗，并适当兼顾负荷侧的无功补偿。容性无功补偿容量可按主变压器容量的 10%～30%配置，并满足主变压器最大负荷时，其高压侧功率因数不低于 0.95。

对于单台主变压器容量为 40 MV·A 及以上的 110 kV 变电站，每台主变压器应配置不少于两组的容性无功补偿设备。

对于 35 kV～110 kV 变电站，容性补偿设备进行分组时，单组容量的选择应考虑变电站负荷较小时无功补偿的需要，具体可参照如下原则：

(1)110 kV 变电站无功补偿设备的单组容量不宜大于 6 Mvar；

(2)35 kV 变电站无功补偿设备的单组容量不宜大于 3 Mvar。

4. 风电场及光伏发电站的无功补偿

对于风电场和光伏发电站的无功补偿配置，应符合 GB/T 19963—2011 和 GB/T 19964—2012 的规定。

对于接入配电网的分布式电源，应按照 NB/T 32015—2013 的规定，配置合理的无功补偿能力，并参与电网电压的调节。

5. 10 kV 及以下电压等级配电网的无功补偿

对于配电网的无功补偿以配电变压器低压侧集中补偿为主，以高压补偿为辅。配电变压器的无功补偿设备容量可按变压器最大负载率为 75%，负荷自然功率因数为 0.85 考虑。补偿到变压器最大负荷时，其高压侧功率因数不低于 0.95；或按照变压器容量的 20%～40%进行配置。

配电变压器的电容器组应装设以电压为约束条件并根据变压器无功功率(或无功电流)进行自动投切的控制装置。

10 kV 及以下配电线路上可配置高压并联电容器。电容器的安装容量不宜过大，当在线路最小负荷时，不应向变电站倒送无功。

6. 220 kV 及以下电网的无功电源安装总容量

220 kV 及以下电网的无功电源安装总容量应大于电网最大自然无功负荷，一般可按最大自然无功负荷的 1.15 倍计算。220 kV 及以下电网的最大自然无功负荷可按下式计算：

$$Q_D = KP_D \tag{3-1}$$

式中：Q_D 为电网最大自然无功负荷，kvar；P_D 为电网最大有功负荷，kW；K 为电网最大自然无功负荷系数，kvar/kW。

其中，电网最大有功负荷为本网发电机有功功率与主网和相邻电网输入的有功功率代数和的最大值；K 值与电网结构、变压级数、负荷组成、负荷水平及负荷电压特性等因素有关，应经过实测和计算确定，也可以参照表 3-1 中的数值估算。

表 3-1　220 kV 及以下电网的最大自然无功负荷系数

变压级数	电网电压/kV				
	220	110	66	35	10
	最大自然无功负荷系数(kvar/kW)				
220/110/35/10	1.25～1.40	1.1～1.25		1.0～1.15	0.9～1.05
220/110/10	1.15～1.30	1.0～1.15			0.9～1.05
220/66/10	1.15～1.30		1.0～1.15		0.9～1.05

7. 区域电网的无功补偿水平用无功补偿度来体现

所谓的无功补偿度，就是区域电网的无功补偿设备的总容量与电网最大有功负荷的比值，即

$$W_B = \frac{Q_C}{P_D} \tag{3-2}$$

式中：W_B 为无功补偿度，kvar/kW；Q_C 为无功补偿设备的总容量，kvar；P_D 为电网最大有功负荷，kW。

(四)变压器调压方式及调压范围的选择

通过变压器调压是电网进行电压管理的重要技术手段。

这部分内容规定了各种电网场景下的变压器额定变压比、调压方式、调压范围及每挡调压值等技术内容，要求变压器应满足发电厂、变电站母线和用户受电端电压质量的要求，并考虑电力系统 10～15 年发展的需要，规划设计部门应按照电网结构及负荷性质，合理选择各级电压网络中升压和降振变压器分接开关的调压范围和调压方式，电网中的各级主变压器，至少应具有一级有载调压能力，需要时可选用两级有载调压变压器。

(1)升压变压器调压方式的选择应符合下列要求。

①升压变压器高压侧的额定电压，220 kV 及以下电压等级宜选 1.1 倍系统标称电压。330 kV 及以上电压等级变压器高压侧的额定电压，宜根据系统无功功率分层平衡要求，经技术经济比较后计算论证，确定其额定电压值。

②发电机升压变压器，一般可选用无励磁调压型变压器。

③风电场和光伏发电站的升压变压器宜选用有载调压型变压器。

(2)降压变压器调压方式的选择应符合下列要求。

①降压变压器高压侧的额定电压，宜选 1.0～1.05 倍系统标称电压；中压侧的额定电压，宜选 1.05～1.1 倍系统标称电压；低压侧的额定电压宜选 1.0～1.05 倍系统标称电压，其中当低压侧不向本地负荷供电时宜选用系统标称电压。

②330 kV 及以上电压等级降压变压器经技术经济比较，必要时，可选用有载调压型。

(3)直接向 10 kV 配电网供电的降压变压器，应选用有载调压型，经技术经济比较或调压计算，仅此一级调压尚不能满足电压控制的要求时，可在其电源侧各级降压变压器中，再采用一级有载调压型变压器。

(4)电力用户对电压质量的要求高于用户受电端供电电压允许偏差值的规定时，该用户的受电变压器应选用有载调压型。

(5)变压器分接开关调压范围应经技术经济比较或调压计算确定，无励磁调压变压器一

般可选择±2×2.5%。对于66 kV及以上电压等级的有载调压变压器,宜选±8×(1.25～1.5)%;35 kV电压等级的有载调压变压器,宜选±3×2.5%。位于负荷中心地区发电厂的升压变压器,其高压侧分接开关的调压范围可适当下降2.5%～5%;位于系统送端发电厂附近降压变电站的变压器,其高压侧调压范围可适当上移2.5%～5%。

(五)电力用户的无功补偿

电力用户应根据其负荷的无功需求,设计和安装无功补偿设备,其功率因数应达到以下要求:

(1)35 kV及以上高压供电的电力用户在负荷高峰时,其变压器一次侧功率因数应不低于0.95,在负荷低谷时,功率因数应不高于0.95;

(2)100 kV·A及以上10 kV供电的电力用户,其功率因数应达到0.95以上;

(3)其他电力用户,其无功补偿设备宜装设自动控制装置,并应有防止向系统送无功功率的措施。

(六)电力系统的电压调整与监测

(1)各级变压器分接开关的运行位置应保证发电厂和变电站母线以及用户受电端的电压偏差不超过允许值(满足发电机稳定运行的要求),并在充分发挥无功补偿设备的经济技术效益和降低线损的原则下,通过优化计算确定。

(2)为保证用户受电端电压质量和降低线损,220 kV及以下电网电压的调整,宜实行逆调压方式。

(3)当发电厂、变电站的母线电压超出允许偏差范围时,首先应按无功电力分层、分区和就地平衡的原则,调节发电机和无功补偿设备的无功出力。若电压质量仍不符合要求,再调整相应有载调压变压器的分接开关位置,使电压恢复到合适值。

(4)发电厂、变电站的无功补偿和调压设备的运行调整,应按本导则规定的原则实行综合优化控制。

(5)当运行电压低于90%系统标称电压时,应闭锁有载调压变压器的分接开关调整。

(6)35 kV及以上电压等级的变电站,主变压器高压侧应具备双向有功功率和无功功率(或功率因数)等运行参数的采集、测量功能。

(7)为掌握电力系统的电压状况,应在具有代表意义的发电厂、变电站和配电网络中设置足够数量的电压监测点,在各级电压等级的用户受电端设置一定数量的电压考核点。

(8)电压监测应使用具有连续监测和统计功能的仪器、仪表或设备,其测量精度应不低于1级。

第三节 供电电压管理规定

《国家电网公司供电电压管理规定》是国家电网公司制定的供电电压管理方面的指导性文件,为供电电压精益化管控体系提供了支撑。与国家电网公司一样,南方电网公司和内蒙古电力公司也有同样的文件,内容类似,本书只针对《国家电网公司供电电压管理规定》展开介绍。

《国家电网公司供电电压管理规定》是为保证国家电网公司系统供电电压质量，降低电网损耗，根据国家有关法律法规及相关制度标准而制定的，包括供电电压与无功补偿管理的职责分工、管理内容、工作要求、检查考核等方面内容。其虽然是国家电网公司的内部文件，但具有极强的通用性，南方电网公司和内蒙古电力公司的部门划分与国家电网公司类似，其系统供电电压和无功补偿管理文件与国家电网公司的基本一致。同样，随着电力改革的深入，其他具有配网资源的供售电公司进行供电电压和无功管理时，也可参照执行。

《国家电网公司供电电压管理规定》（本节以下简称管理规定）是国家电网公司（本节以下简称“公司”）内部进行供电电压管理和无功补偿管理的指导性文件。管理规定分为职责分工、供电电压偏差与监测点管理、电压监测采集与指标管理、供电电压分析与质量提升、无功补偿装置配置与运维管理、检查与考核和附则等部分内容。本节就各部分内容的关键点逐一介绍解读。

一、职责分工

管理规定明确指出了系统供电电压与无功补偿管理工作的基本原则，即“实行统一领导下的分级管理负责制，实行工作的全过程管理”。

基本原则有三层含义：首先，系统供电电压与无功补偿管理工作必须实行统一领导，服从公司的整体工作规划，遵循公司制定的总体工作原则；其次，系统供电电压与无功补偿管理工作需要进行分级管理，分级负责，公司运检部、省公司运检部、省检修（分）公司运检部、地（市）公司运检部（检修分公司）、县公司运检部（检修（建设）工区）（以下简称“各级运检部门”）是供电电压工作实施的归口管理和无功补偿装置的归口管理部门，均应设置专责人，并明确工作职责；最后，系统供电电压和无功补偿管理必须采取全过程管理，需要在公司的全过程精益化管理体系中进行，需要符合公司的精益化管理原则。

1. 国网运检部主要职责

国网公司运检部是国网公司的运行检修和设备管理的归口部门，是系统供电电压和无功补偿管理工作的关键部门。

（1）国网运检部需要进行系统供电电压和无功补偿管理工作的管理体系建设，负责制定公司供电电压和无功补偿相关制度、标准等规范性文件，组织各级运检部门开展专业管理工作。

（2）国网运检部需要进行系统供电电压和无功补偿管理工作的指标体系建设和数据统计分析工作，通过组织开展公司系统城网和农网综合供电电压合格率指标计划制定与统计分析工作，找出供电电压管理工作的薄弱点，分析产生薄弱点的原因，并采取措施提升供电电压质量。

（3）发挥运检部的专业优势，参与公司电网无功规划；参与无功补偿模式、无功补偿容量、无功补偿装置和调压装置选型及安装地点方案等审核。

（4）国网运检部需要对无功补偿设备和调压装置进行统一管理，组织无功补偿装置和调压装置的运维检修管理，组织对不满足运行要求的装置列入技术改造和设备大修计划并监督实施。

（5）负责组织编制公司供电电压和无功补偿专业报告，组织专业会议，开展相关技术培训和交流。

2.国网发展部主要职责

国网公司发展部主要负责组织开展公司电网无功规划;在电网建设与改造工程的规划设计中,按照无功补偿配置技术导则组织审定无功补偿模式、无功补偿装置容量及安装地点。

3.国网营销部主要职责

国网公司各级营销部是与广大电力用户的接口部门,国网营销部需要对各级营销部门进行归口管理。在系统供电电压和无功补偿管理工作中,国网营销部主要负责数据监测、分析和用户管理。

(1)组织各级营销部门提供B、C类供电电压监测数据,保证收集到的数据满足供电电压管理要求。

(2)组织各级营销部门进行用户无功补偿设备和功率因数管理,督导用户履行无功补偿装置投入、功率因数达到标准等义务,保证无功补偿管理工作不会在用户侧出现疏漏。

(3)组织开展用户侧电压采集监测数据的共享应用。一方面,将用户侧的监测数据分享给其他业务部门;另一方面,在对用户的服务管理过程中,通过对监测数据的分享和使用,提升服务质量和管理效率。

4.国网总部其他部门和直属单位的职责

1)国调中心主要职责

国调中心主要负责组织各级调控部门提供A类供电电压监测数据,满足供电电压管理要求;组织各级调控部门根据电网结构、运行方式以及负荷特性合理制定电压无功控制策略;发挥专业优势,参与公司电网无功规划;参与无功补偿模式、无功补偿容量、无功补偿装置和调压装置选型及安装地点方案等审核。

2)国网信通部主要职责

国网信通部主要负责组织协调公司供电电压自动采集系统的建设运维、通信通道建设运维以及信息安全接入等工作。

3)中国电科院主要职责

中国电科院作为国网公司业务的主要技术支撑单位,负责公司供电电压和无功补偿管理技术支持工作。

4)国网信通公司主要职责

国网信通公司主要负责落实公司供电电压自动采集系统的建设运维、所辖范围内通信通道建设运维以及信息安全接入等工作。

5.省公司各个部门职责分工

根据分级管理、分级负责的总体原则,省公司需要对省内的电网供电电压和无功补偿负责,省公司的各个业务部门的职责分工主要是在省内贯彻执行国网公司总部的各个对应部门的职能,同时工作更加细化。

省公司运检部主要负责组织本单位各级运检部门开展供电电压和无功补偿专业管理工作,提出本单位城网和农网综合供电电压合格率指标计划建议,执行公司下达的指标计划,并分解下达指标计划;负责指标统计分析,组织审定本单位供电电压监测点设置方案,满足供电电压管理要求;组织开展供电电压专业分析,组织制定并落实电压质量提升措施;参与公司电网无功规划;参与无功补偿模式、无功补偿容量、无功补偿装置和调压装置选型及安装地点方案等审核；开展相关工程验收及试运行等工作；负责组织无功补偿装置和调压装置的运维检修管理，组织将不满足运行要求的装置列入技术改造和设备大修计划并监督实施；负责组织电压监测仪验收检验和周期检验；负责组织编制供电电压和无功补偿专业报告，组织专业会议，开展相关技术培训和交流。

省公司发展部主要负责所辖电网的无功规划；在电网建设与改造工程的规划设计中，按照无功补偿配置技术导则组织审定无功补偿模式、无功补偿装置容量及安装地点。

省公司营销部主要负责组织B、C类供电电压监测数据采集，保证B、C类供电电压监测数据传送的及时、完整、准确，及时处理本侧系统电压采集数据缺失等问题；配合分析和处理B、C类供电电压越限问题；组织本单位各级营销部门督导用户履行无功补偿装置投入、功率因数达到标准等义务，对用户自身原因造成的供电电压问题，应积极协助、指导用户制定解决方案，并督促落实；组织开展用户侧电压采集监测数据的共享应用。

省公司调控中心主要负责组织A类供电电压监测数据汇集，保证A类供电电压监测数据传送的及时、完整、准确，及时处理本侧系统电压采集数据缺失等问题；负责电网电压调整与控制，协助做好供电电压调整与控制，配合分析和处理A类供电电压越限问题；参与公司电网无功规划；参与无功补偿模式、无功补偿容量、无功补偿装置和调压装置选型及安装地点方案等审核。

省公司科技信通部主要负责组织协调省公司供电电压自动采集系统的建设运维、所辖范围内通信通道建设运维以及信息安全接入等工作。

省电科院主要负责供电电压和无功补偿管理技术支持工作并负责电压监测仪检验装置校验和电压监测仪验收检验。

省检修(分)公司主要负责无功补偿装置和调压装置的运维检修管理；负责对不满足运行要求的装置提出技术改造和设备大修计划建议，组织项目实施；参与电网无功规划；参与无功补偿模式、无功补偿容量、无功补偿装置和调压装置选型及安装地点等审核，开展相关工程验收及试运行等工作。

省信通(分)公司主要负责落实省公司供电电压自动采集系统的建设运维、所辖范围内通信通道建设运维以及信息安全接入等工作。

6. 地(市)公司主要职责

地(市)公司主要负责执行国网公司和省公司下发的供电电压和无功补偿管理工作相关的文件和规定，并负责在属地落实。地(市)公司各个部门的具体工作内容与省公司对应部门的工作内容类似，但更加的具体和细化。

需要注意的是，电压监测仪的运维检修管理工作下达到地(市)公司执行，地(市)公司负责开展监测设备校验、安装、调试、维护，满足供电电压管理要求。

7. 县(级)公司主要职责

县(级)公司是进行供电电压和无功补偿管理的基础单位，县(级)公司负责执行上级公司的供电电压和无功补偿管理相关的文件和规定，并负责执行地(市)公司下达的综合供电电压合格率指标计划，负责指标统计分析。

另外，县(级)公司负责组织制定本单位供电电压监测点设置方案，按要求设置并动态调整供电电压监测点，满足供电电压管理要求。

以上关于职责分工相关的规定条款，在进行供电电压和无功补偿管理的过程中非常重要，能够有效避免由于工作界面不清晰导致的效率低下和管理漏洞。清晰的职责分工也是进行供电电压精益化管理的必要条件。

二、供电电压偏差与监测点管理

管理规定中对于供电电压偏差的指标和监测点管理提出了明确的要求，也给出了相应的原则。

1.供电电压偏差的限值规定

对于供电电压偏差限值的基本规定、管理规定与《供电电压偏差》(GB/T 12325－2008)中的规定基本一致。同时，管理规定明确提出以下两点。

(1)对供电点短路容量较小、供电距离较长及对供电电压偏差有特殊要求的用户，由供用电双方协议确定。

这一规定是为了保证某些特殊用户或对供电质量要求高于国标的用户的用电需求，需要由供用电双方在供电合同或协议中明确双方的权利和责任，或明确为了将供电电压质量提高到与用户要求所需采取措施的成本分摊。这一点随着电力体制改革的深入，或以优质优价的形式体现在电价的差别上。

(2)带地区供电负荷的变电站20/10(6)千伏母线正常运行方式下的电压偏差为系统标称电压的0%～+7%。

这一规定是由于作为地区供电的电源点，如果此时变电站的母线电压就出现负偏差的话，再经过配电线路输送到负荷端时，可能会导致负荷端的供电电压偏差超过负的限值，所以规定此时电源点的20/10(6)千伏母线正常运行方式下的电压偏差为系统标称电压的0%～+7%。

2.供电电压监测点的分类

为了便于管理，同时最优化地进行供电电压监测点的布局，将供电电压监测点分为A、B、C、D四类监测点。监测点的布局原则是在《供电监管办法》相关条款的基础上，结合实际的供电工作，对监测点进行布局。

(1)A类供电电压监测点。由于带地区供电负荷的变电站20/10(6)千伏母线电压的供电电压直接与所供电区域的供电电压质量相关，这里的供电电压质量决定整个地区的供电电压质量是否合格。所以，规定其为A类供电电压监测点。

对于A类供电电压监测点，变电站内两台及以上变压器分列运行，每段20/10(6)千伏母线均设置一个电压监测点；一台变压器的20/10(6)千伏为分列母线运行的，只设置一个电压监测点。

(2)B类供电电压监测点。对35(66)千伏专线供电和110千伏及以上供电的用户端电压监测点，定义为B类电压监测点。

35(66)千伏及以上专线供电的可装在产权分界处，110千伏及以上非专线供电的应安装在用户变电站侧。

对于两路电源供电的35千伏及以上用户变电站，用户变电站母线未分列运行，只需设一个电压监测点；用户变电站母线分列运行，且两路供电电源为不同变电站的，应设置两个电压监测点；用户变电站母线分列运行，两路供电电源为同一变电站供电，且上级变电站母线未分列运行的，只需设一个电压监测点；用户变电站母线分列运行，双电源为同一变电站供电，且上级变电站母线分列运行的，应设置两个电压监测点。

用户变电站高压侧无电压互感器的，电压监测点设置在给用户变电站供电的上级变电站母线侧。

(3)C类供电电压监测点。35(66)千伏非专线供电和20/10(6)千伏供电的用户端电压，每10兆瓦负荷至少应设一个电压监测点，这类监测点称为C类电压监测点。

C类电压监测点应安装在用户侧；C类负荷计算方法为C类用户年售电量除以统计小时数；应选择高压侧有电压互感器的用户，不宜设在用户变电站低压侧。

(4)D类供电电压监测点。380/220伏低压用户端电压，每50台公用配电变压器至少应设1个电压监测点，不足50台的设1个电压监测点。监测点应设在有代表性的低压配电网首末两端用户。

管理规定中对于供电电压监测点的布置，规定密度高于《供电监管办法》中相关条款的规定。

3. 供电电压监测点动态调整原则

由于电网的运行方式和负荷的情况经常发生变化，为了适应这些变化，保证供电电压监测数据的有效性，供电电压监测点需要不断进行动态调整。

对于A类监测点，新建、改(扩)建变电站，新建的20/10(6)千伏母线应在带负荷后次月列入A类电压监测点进行统计、考核；停运母线应在当月停运该A类电压监测点。

对于B类监测点，新投35(66)千伏专线供电和110千伏及以上供电的用户应在投产次月列入B类电压监测点进行统计、考核；停运用户应在当月停运该B类电压监测点。

对于C类监测点，选择具有代表性的用户设置C类电压监测点，根据上年度用户年售电量校核C类监测点数量，并在每年首季度末完成监测点增减工作。

对于D类监测点，定期进行D类监测点数量校核，并及时完成监测点增减工作。根据专业管理需要自行设置观测点，观测点不纳入合格率统计考核。

各类电压监测点投运、停运等状态变更，经省公司运检部审批后生效。

4. 城网和农网供电电压监测点统计范围规定

对于城市电网和农网，供电电压监测点应该因地制宜、区别考虑，既要避免监测点资源浪费，也要避免监测出现盲区。

对于城网供电电压监测点，统计地(市)供电公司直接管辖区域的监测点，包括市中心、市区、城镇三类地区。在三类地区均应设置监测点。

对于农网供电电压监测点统计县级供电公司直接管辖区域的监测点，包括县城区、乡镇、农村和农牧区四类地区。在这四类地区均应设置监测点，每个乡镇供电所至少设置1个监测点。

城网和农网综合供电电压合格率统计范围不重复、不空白。

三、电压监测采集与指标管理

对于供电电压监测采集装置和数据的管理，在供电电压管理工作中至关重要，是进行供电电压分析的基础。

管理规定中明确提出要使用PMS[设备(资产)运维精益管理系统)]2.0供电电压自动采集系统实现监测点台账管理、供电电压监测数据采集与统计分析等功能。

1. 供电电压监测点台账管理

电压监测点台账信息应能够完整描述供电电压监测点的全部信息，包括监测点名称、安装位置、类别、电压等级、电压限值、供电电源、SIM卡号码和地区特征等信息以及通信方式等。

对于供电电压监测点命名，需要做到清晰、无歧义，规定按照如下原则命名。

(1)A类监测点名称应与设备调度运行编号命名一致，命名规则为变电站电压等级＋变电站名称＋20/10(6)千伏母线调度运行编号。

(2)B、C类监测点名称应与用电信息采集系统用户名称一致，命名规则为用户电压等级＋用电信息采集系统中用户名称(可用简称)。

(3)D类监测点名称应包含公用配变台区名称和安装位置，命名规则为PMS 2.0中公用配变名称＋安装位置。

2. 供电电压自动采集系统获取各类监测点数据的原则

为了保证数据的唯一性、严谨性和正确性，供电电压自动采集系统获取各类监测点数据的原则如下。

(1)A类监测点数据由省级调度管理系统(OMS)获取。

(2)B、C类监测点数据由省级用电信息采集系统获取。安装在公司所辖变电站(用户计量点)母线的B类监测点数据，可由省级OMS获取。

(3)D类监测点数据全部来源于电压监测仪。

3. 供电电压指标执行计划管理

为了保证统计指标的一致性，需要对供电电压指标执行计划管理，其中，城网和农网供电电压合格率纳入公司综合计划管理。

根据分级管理、分级负责的管理原则，国网运检部根据各省公司上年度城网和农网供电电压合格率完成情况，综合分析后，下达下一年度城网和农网供电电压合格率计划值；省公司分解下达各地(市)公司城网和农网供电电压合格率计划值；地(市)公司分解下达各县公司供电电压合格率计划值。

4. 指标的统计报送

对于指标的统计报送，需要按照统一的格式、统一的时间和统一的出口来完成报送，分级进行指标统计报送管理。

(1)数据报送时间。各类监测点日、月数据报送分别以日、月为单位，电压值数据报送以小时为单位，应在规定时间内，通过省级供电电压自动采集系统上传至总部供电电压自动采集系统。省级OMS和省级用电信息采集系统应在规定时间内，将A、B、C类监测点数据推送至省级供电电压自动采集系统，满足总部供电电压自动采集系统数据报送的时间要求。因相关系统、监测装置或通信通道异常等原因造成数据无法按时报送的，应立即排查处理异常原因，并在恢复正常后，立即补采、补传数据。

(2)供电电压合格率月数据应设置结算日统计，月度结算日须在每月月末前5日内或每月1日。

5. 对电压监测仪的规定

电压监测仪是供电电压监测的硬件基础，对于电压监测仪的管理工作至关重要，关系到采集到的数据是否正确、有效，所以管理规定中专门就电压监测仪的管理提出了要求。

电压监测仪台账信息必须全面，能够有效反映电压监测仪的状态，台账信息需要包括装置类型、型号、运行状态、出厂编码、生产厂家、安装日期、校验日期等。

电压监测仪运维检修管理包括校验、巡视、故障处理、修理改造等环节，装置通信费用可由运维成本列支。各级运检部门应根据监测点设置原则及装置运行情况提出电压监测仪新增及改造计划，并购置一定数量的备品备件；电压监测仪应符合《电压监测装置技术规范》(Q/GDW 1819—2013)相关技术要求，并满足公司信息安全管理要求；应对电压监测仪进行验收检验和周期检验，执行《电压监测仪检验规范》(Q/GDW 1817—2013)相关要求。

四、供电电压分析与质量提升

进行供电电压管理的目的是保证供电电压合格，同时对供电电压质量进行有效的改进和提升。所以，需要对采集到的供电电压数据进行分析，结合实际电网情况，准确找到供电电压管理的问题点和薄弱点，并采取对应的措施。

(1)充分利用供电电压自动采集系统、配网管控系统、OMS、用电信息采集系统等中的电压监测数据开展供电电压统计分析，必要时通过电压实测等手段，及时准确掌握供电电压情况。

虽然管理规定中规定的上报的数据出口必须统一，但实际工作中，在进行供电电压分析时，往往要借助公司其他系统的数据进行辅助分析，一方面为供电电压监测点的数据提供佐证，另一方面对于低压配电网，供电电压监测点难免出现盲区，可以利用配电管控系统等提供的数据，弥补供电电压监测点的数据盲区。

(2)对于监测中发现的低电压、高电压和电压波动越限的原因应进行系统分析，查找问题原因。按照“先管理，后工程”的原则，提出切实的治理措施并组织落实，持续跟踪监测分析。

“先管理，后工程”的原则是提高投资有效性，避免出现无效投资和重复投资的有效手段。在进行改造前，通过对监测数据的充分分析，确定投资的规模、类型和设备接入点。同时，根据精益化管理的要求，需要进行全过程管控，对采取的措施持续跟踪分析，适时进行后评估工作。

(3)各级运检部门应采取调整配变分接头、平衡三相负荷、增设或投切无功补偿装置、缩短供电半径、增加导线截面等改善供电电压质量的措施。

新建或更换公变时，应将公变初始挡位列入工程验收内容，按照线路首端公变低挡位、末端公变高挡位的原则，合理确定公变初始运行挡位。根据季节性负荷变化审慎调节分接头并做好相关试验。

根据公变负荷变化规律，适时平衡三相负荷，提高供电电压质量。

对运维措施无法解决的电压治理问题，应进行现场勘查并梳理，综合考虑紧急程度和改造难度，确定具体解决方案，纳入城网和农网建设改造或生产技改大修项目计划。

(4)各级调控部门应根据负荷变化和电压运行状况，遵循无功电力“分层分区、就地平衡”原则，科学制定 AVC(VQC) 控制策略，提高供电电压质量。

无功补偿装置及调压装置的自动控制策略，应考虑设备本体性能、无功补偿装置投入率、断路器性能等因素，综合评估系统运行和设备运维检修经济性，将无功补偿装置投切次数和主变分接开关动作次数控制在合理范围。

(5)各级营销部门应规范新用户接入管理，根据装接容量合理分配三相负荷。督促用户合理配置和投切无功补偿装置，采取措施提高电压质量。

五、无功补偿装置配置与运维管理

配制无功补偿装置(设备)是保障系统供电电压的重要手段，管理规定中对无功补偿装置的配置和运维管理提出了明确的规定。

1. 无功补偿装置的配置原则

无功补偿装置的配置原则根据《电力系统电压和无功电力技术导则》(DL/T 1773—2017)中的相关条款，结合国家电网公司相应的技术文件和规定，因地制宜地确定无功补偿装置的配置形式和配置容量。

(1)按照电网无功“分层分区、就地平衡”的要求，合理配置无功补偿装置及调压装置。

(2)各电压等级变电站无功补偿装置的分组数量和分组容量选择，应根据《国家电网公司电力系统无功补偿配置技术原则》(Q/GDW 1212—2015)确定，最大单组无功补偿装置投切引起所在母线电压变化不宜超过电压额定值的2.5%，且应满足不同电压等级变电站无功配置要求；无功补偿装置应采用自动控制(投切)方式，应与区域或全网无功电压控制系统联控。

(3)变电站并联电容器装置的额定电压应与变压器对应侧的额定电压相匹配，选择电容器的额定电压时应考虑串联电抗率及背景谐波的影响。并联电容器装置的串联电抗率，应根据电容器组合闸涌流、谐波放大对系统及电容器组的影响等方面的验算确定。

(4)用户新装(增容)工程应同步配置无功补偿装置，并同期投入运行。

(5)电网新建、改造等基建工程应同期考虑无功补偿容量适应性。定期开展电网无功平衡、无功补偿容量校核，及时调整无功补偿装置配置方案。

2. 无功补偿装置和调压装置运维要求

为了保证无功补偿装置和调压装置的可用性和性能，需要按照规定进行运行维护。

(1)加强无功补偿装置和调压装置的基础台账管理，做好设备运维和检修试验，保证无功补偿装置可用率。

(2)落实无功补偿装置和调压装置的反事故技术措施。开展相关设备的隐患排查治理，包括无功补偿装置的组部件、用于开断无功补偿装置的断路器和变压器有载分接开关等。对不满足运行要求的装置进行技术改造和设备大修项目实施。

(3)根据变电站、配电网的无功运行情况，对无功补偿装置的投运时间和投运前后系统电压变化情况进行分析，提出无功补偿装置增容和改造计划，并跟踪实施进度。

(4)推广应用成熟的无功补偿装置新技术，提高电压调整技术手段。

六、检查与考核

供电电压管理实行分级考核，国网运检部对省公司供电电压合格率指标完成情况进行考核，省公司运检部对地(市)、县公司供电电压合格率指标完成情况进行考核。

需要分级进行无功补偿装置配置、运维情况进行检查考核。

第四节 小 结

本章介绍了《供电营业规则》和《供电监管办法》两个供电电压管理的原则性文件，供电电压管理工作必须以这两个文件为根本依据。

本章介绍并解读了《电力系统电压和无功电力管理条例》和《电力系统电压和无功电力技术导则》(DL/T 1773—2017)两个供电电压和无功电力管理方面的指导性文件。《电力系统电压和无功电力管理条例》是电压和无功管理的纲领性文件，所有的供电企业和电力用户在进行电压和无功管理时必须以此为基本原则；《电力系统电压和无功电力技术导则》(DL/T 1773—2017)是电压和无功管理的技术准则，所有的供电企业和电力用户在进行电压和无功管理时，必须以此为技术层面的执行依据；《国家电网公司供电电压管理规定》是供电企业进行供电电压管理的典型实施文件，内容规划全面、合理，可以直接用于指导供电企业供电电压管理工作的具体执行，是国家电网公司制定的供电电压管理方面的指导性文件，为供电电压精益化管控体系提供支撑。

深入研究并理解上述五个文件，对供电电压管理工作非常有益。同时，上述五个文件中未包含的部分，往往在供电企业中以实施细则的形式体现。

第四章　供电电压管理措施

在各项供电电压及无功电力管理文件、标准和管理理论的支撑下，供电企业需要根据各自的企业特点，采取各种有效措施来保证供电电压质量。

第一节　供电电压监测终端

供电企业进行供电电压管理的基础是供电电压监测数据，这就需要在电网中按照一定的原则部署大量的供电电压监测终端，这类供电电压监测终端，通常称为电压监测仪，定义为“对电压变化率小于每秒1%的电压偏差进行连续监测、统计的电子式仪器或仪表”。

一、电压监测仪的分类及命名规则

电压监测仪按照功能分类，大致可以分为以下5种。

1. 记录式电压监测仪

记录式电压监测仪将被监测的电压超限时间与总运行时间分别记录，由人工进行电压合格率计算。

2. 统计型电压监测仪

统计型电压监测仪具有电压偏差监测功能，可以计算出电压合格率以及电压超上限、超下限不合格率。

3. 多功能型电压监测仪

多功能型电压监测仪具有统计型电压质量监测仪的功能，同时还具有谐波、频率监测和上电、失电等统计监测功能，是一种比较先进的仪表。

4. 高级智能型电压监测仪

高级智能型电压监测仪在多功能电压监测仪的基础上，增加了电压波动与闪变、三相电压不平衡度等监测功能，适用于安装在钢厂等非线性大客户点上。

5. 可移动高级智能型电压监测仪

一般的电压监测仪，都是接入被监测线路进行固定安装，可移动高级智能型电压监测仪可以方便灵活地对所监测电网进行随机性抽测，作为监测数据的补充参考。

在电网中广泛部署的属于统计型电压监测仪，属于电网中应用的一种常规标准化设备，从企业管理的角度讲，需要对其按照一定的规则进行统一分类，并形成统一的命名规则。对于标准的电压监测仪，按安装方式可分为挂装式和槽装式；按使用环境可分为户内型和户外型；按工作电源额定电压可分为100 V、220 V、380 V、自适应供电（100 V、220 V、380 V）。

与分类原则对应的命名规则如图 4-1 所示。

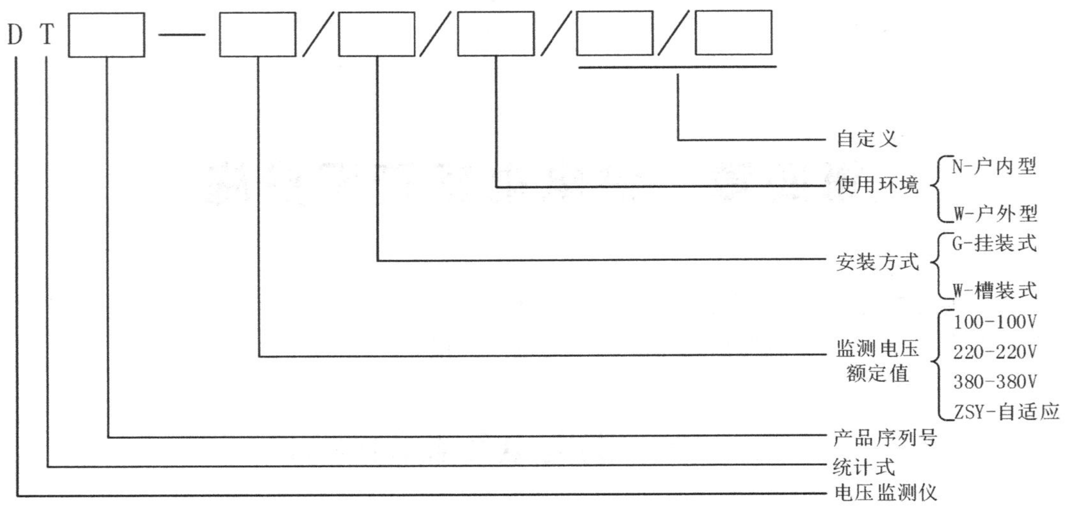

图 4-1 电压监测仪命名规则

二、电压监测仪的功能

(一)监测统计功能

电压监测仪作为供电电压管理的基础，最重要的功能就是其监测统计功能，其他功能都是为监测统计功能提供便利。

表 4-1 为某供电企业关于电压监测仪的内部技术规范提出的对监测统计功能的典型需求。

表 4-1 监测统计功能要求

数据项		监测统计要求	备 注
U_i		对监测电压的有效值采样，基本测量时间窗口为 10 周波，并且每个测量时间窗口与紧邻的测量时间窗口连续无间隙而不重叠	两位小数
U_{1s}		作为预处理值贮存，取该秒内 5 个 U_i 的均方根值	两位小数
$U_{1\,min}$		以 1 min 作为一个统计单元，取 0 秒时刻开始的 1 min 内 U_{1s}的均方根值，不足 1 min 的值不进行统计计算	两位小数
日、月电压监测统计数据	时间统计	总运行统计时间、合格累计时间、超上限累计时间、超下限累计时间	单位为分钟
	合格率统计	电压合格率、电压超上限率、电压超下限率	两位小数
	极值统计	电压最大值及其发生时刻、电压最小值及其发生时刻	极值为两位小数，发生时刻精确到分钟
	平均值统计	电压算术平均值	两位小数
电压监测仪工作状态信息		前一次复位后连续工作时间、自投运以来总运行时间	单位为小时

注：1. 日、月电压监测统计数据是在工作电压允许波动范围内，根据 $U_{1\,min}$ 及监测电压额定值、整定电压上限值和整定电压下限值来统计；

2. 月统计数据默认自然月为统计周期，可以设置 1 日至 28 日中任意一天为月统计日，月统计时间为月统计日的当日零点起至下月的月统计日当日零点止。

(二)数据存储功能

电压监测仪需要可靠的存储监测统计的数据和相应的分析结果，应从成本、适用性、技术可行性和管理便利性几个角度规划其数据存储功能。表 4-2 为某供电企业对电压监测仪的数据存储功能提出的最低要求。

表 4-2　数据存储要求

数据项	存储要求	备　注
$U_{1\,min}$	不少于最近 45 天	存储间隔为 1 min
日电压监测统计数据	不少于最近 45 天	—
月电压监测统计数据	本月及上月	—
事件记录	本月及上月的最近 256 条	电压超上/下限、超上/下限返回、停电、上电等类型
前一次复位后连续工作时间	最近 1 个数据	单位为小时
自投运以来总运行时间	1 个数据	单位为小时

(三)人机界面功能

电压监测仪应具有装置本地的人机界面，包括本地显示与指示功能和参数设置与查询功能。

电压监测仪宜采用具有背光功能的液晶显示屏，应采用菜单式、中文显示界面；在低温要求苛刻等特殊场合，可选用其他显示方式。

其中，本地显示和指示功能应能够显示包含日期、时间、监测量、统计数据、监测点信息、通信参数和运行状态等信息；参数设置与查询功能应该支持本地和远程两种模式，对可预置整定或任意设定的控制键，必须加装闭锁装置或采取加密措施，能够设置与查询包括日期与时间、监测点参数、通信参数、基本信息和密码等其他参数。

(四)事件检测与告警功能

电压监测仪应具备事件检测与告警功能，具体要求如下。

(1)电压监测仪应具备电压超限、超限返回事件检测功能和停电、上电事件检测功能，判断方法和事件记录要求见表 4-3。

(2)电压监测仪检测到事件后应主动向 CAC 上报。

表 4-3　事件记录

事件类别	判断方法	事件记录
电压超上限	$U_{1\,min}$从低于整定电压上限值变化到高于整定电压上限值	记录超上限发生时刻(min)及当时的$U_{1\,min}$值
超上限返回	$U_{1\,min}$偏差从超上限状态返回到合格范围	记录恢复开始的该时刻(min)及当时的$U_{1\,min}$值
电压超下限	$U_{1\,min}$从高于整定电压下限值变化到低于整定电压下限值	记录超下限发生时刻(min)及当时的$U_{1\,min}$值
超下限返回	$U_{1\,min}$偏差从超下限状态返回到合格范围	记录恢复开始的该时刻(min)及当时的$U_{1\,min}$值
停电	U_{1s}从工作电压允许波动范围内下降到工作电压允许波动范围的下限以下，并持续 1 min。	记录停电发生时刻(s)
上电	U_{1s}从停电状态恢复到工作电压允许波动范围内，并持续 1 min	记录上电发生时刻(s)

(五)持续工作时间记录功能和时钟对时功能

电压监测仪应具备统计并记录其自身正常投入运行的时间功能,包括每次复位后连续工作时间和自投运以来总运行时间,统计单位为小时。

电压监测仪应具备时钟与对时功能,具体要求如下:电压监测仪应采用具有温度补偿功能的内置硬件时钟电路,日走时误差不超过±1 s;应具备和CAC对时的功能,无线通信对时误差不超过±5 s,有线通信对时误差不超过±1 s;在外部电源停电后应能继续计时,断电后可维持内部时钟正确工作时间累计不少于5年;应有防止非授权人操作时钟设置的安全措施;应具有硬件秒脉冲输出功能,秒脉冲的输出信号应与内部电路实现电气隔离,秒脉冲信号输出直流电压为5 V,电流不小于50 mA。

(六)通信功能

1. 通信数据

电压监测仪的通信数据应包括以下内容:表号、整定电压值、$U_{1\,s}$、$U_{1\,min}$、日统计数据、电压越限告警信息、查询与设置参数信息(包含内部时钟、清零、月统计日等)。其他内容可根据需要提供。

2. 通信方式

电压监测仪应提供无线通信方式,实现与CAC远程通信,可根据需要提供以太网通信方式,应提供RS232串口通信,具备维护、校验、本地通信等功能。

无线通信应支持不同通信运营商提供的2G、3G、4G及电力无线专网等通信制式。电压监测仪应采用运行稳定可靠的工业级无线通信模块,具备独立SIM卡仓位;无线通信模块应与表壳一体化设计,通信模块应支持热插拔,可根据现场需求配置不同类型天线;应具备无线网络自动附着功能,在通信链路出现异常时能自动重新连接网络、恢复链路,每次建立链接时间应不大于45 s;在连续3次连接网络失败后,能够自动对无线通信模块单独断电复位;应支持时刻在线,设备上电自动上线并保持;应能按月统计无线通信的接收数据流量和发送数据流量,并保存最近3个月的流量数据。

电压监测仪可提供RJ45以太网接口,支持跨网关的以太网络通信;以太网接口通信速率为10/100/1 000 Mbit/s(自适应),遵循IEEE802.3 u、10Base-T、100Base-TX标准。

电压监测仪应具有至少1组RS232串口;RS232串口通信接口应采用DB9-M形式,遵循EIA Standard RS-232-C接口电气标准;RS232串口通信波特率可在4 800 bit/s、9 600 bit/s、19 200 bit/s、38 400 bit/s中选择,出厂默认波特率设置为9 600 bit/s;RS232串口电压瞬时值输出1 s刷新。

3. 通信规范

电压监测仪通信规范应有统一的数据规范,各个供电企业内部执行统一的数据规范,各供电企业之间可能会有细微差别,但也趋于一致。

采集单台电压监测仪的指定数据(如电压有效值和时钟),采集成功的次数总数与采集总次数比值称为数据采集成功率。数据采集成功率应不低于97%。

在指定时间段内(如1天)按设定的周期采集电压监测仪的数据,设定时间段内采集成功的数据总数与应采集的数据总数比值称为周期采集成功率。周期采集成功率应不低于99.5%。

(七)安全防护功能

从供电安全和数据安全角度考虑,网络安全防护功能是对电网内涉网设备最重要的要求之一。电压监测仪应采用部署安全加密卡、安全协议等多种措施开展防护,具体要求见表4-4。

表4-4　电压监测仪安全防护要求

控制措施	控制措施实现方式
安全接入	1.电压监测仪应采用国家密码管理局认可的支持SM1、SM2算法的工业级安全加密卡; 2.应具备采用安全协议实现与主站安全接入平台的安全接入功能; 3.电压监测仪应支持标准X.509格式的数字证书,能够与公司安全接入平台实现身份认证和数字签名等功能,私钥由安全加密卡产生和存储,保证电压监测仪安全
用户权限	电压监测仪应只允许身份验证正确的用户访问被授权访问的资源,或只有具有授权的用户才能发出访问请求,权限的设置应基于最小权限原则
用户认证	电压监测仪应具备用户身份验证方法,以支持其提供的所有服务的访问管理和使用控制功能
安全管理	1.进行操作系统远程管理维护时,应以电压监测仪接入方式(如RDP、SSH、pcAnywhere)、网络地址范围等条件限制装置的登录; 2.进行远程管理维护时,应采用安全的网络管理方式进行管理操作(如SSH); 3.本地串口管理时应登录后操作; 4.电压监测仪应能对正在使用的配置软件进行认证,保证是用户授权的软件。未授权的配置软件禁止访问电压监测仪的任何功能
安全审计	1.电压监测仪应能产生和存储安全性事件和重要业务事件的审计信息; 2.电压监测仪的审计记录应具备可用于事件追溯的基本信息; 3.电压监测仪应在审计记录产生时添加基于系统时间的时间戳; 4.电压监测仪应保护审计信息和审计功能不被非授权访问、修改和删除,并支持审计记录容量的管理策略(例如覆盖旧的审计记录和停止生成审计记录); 5.电压监测仪或从事审计功能的组件应在审计失败时向适当的负责人员告警,审计失败包括软件/硬件错误,审计生成中的错误,审计存储容量满载或超容等
完整性保护	1.电压监测仪宜采用国密算法对传输的数据进行完整性保护; 2.可执行代码、应用配置和操作系统配置可以在升级、调试等过程中被修改,在常规业务操作中不能被修改; 3.应对应用输入和程序配置信息进行检查,保证输入值的合理性,语法的完整性、有效性和正确性
抗攻击	1.电压监测仪应具备关闭不使用的或不在访问控制范围内的通信服务端口及物理端口的功能; 2.电压监测仪应具备网络攻击防御能力
备份恢复	电压监测仪应具备系统配置文件、业务配置文件、用户文件的备份功能,并可通过备份文件进行装置的恢复
保密性	1.电压监测仪应对传输过程中的数据进行加密传输,对于已接入安全接入平台的,应通过安全接入平台实现数据的传输加密,加密算法宜采用国密算法; 2.电压监测仪应对本地存储的重要和敏感数据进行加密存储,包括但不限于已采集到的数据、管理数据等,加密算法宜采用国密算法

此外，电压监测仪必须具备自检自恢复功能、软件升级功能和电源失电保护与自动上报功能，保证在出现软硬件故障、电源丢失或其他故障时，能够保证数据的安全性和可靠性。

三、关键性能要求

（一）监测电压范围

监测电压额定值推荐选取交流 100 V、220 V 或 380 V，监测电压范围见表 4-5。监测的系统标称电压为 220 V、380 V 时，监测电压直接接入电压监测仪；监测的系统标称电压大于 1 kV 时，取电压互感器二次侧接入电压监测仪，监测电压为 100 V 或 $100/\sqrt{3}$ V。

表 4-5 监测电压范围

监测电压额定值/V	监测电压范围/V	
	下　限	上　限
100	60	130
220	99	286
380	171	494
当监测电压额定值为 $100/\sqrt{3}$ V 时，下限电压为 45 V，上限电压为 130 V。		

（二）准确度要求

在正常使用条件下，在对应的温度类别的上限温度和下限温度范围内，电压监测仪应保证准确度要求：

（1）在监测电压测量范围内，电压测量误差不大于±0.5%；

（2）在监测电压测量范围内，综合测量误差不大于±0.5%；

（3）整定电压值的上限值和下限值基本误差不大于±0.5%；

（4）内部时钟误差每天不大于±1 s 或每年不大于±5 min。

电压监测仪在极限工作条件的上、下限温度应能正常操作，其电压测量误差不大于±1%。

四、电压监测仪的日常使用和维护

1. 日常维护

电压监测仪属于精密计量器具，平常应有专人负责管理和维护。

（1）每年应定期将电压监测仪送到具有质量技术监督局授权认可的具有一定资质的计量部门进行精度校验。

（2）每月至少巡视一次，检查电压监测仪显示值是否正确，按键是否正常，时钟是否在误差范围内，数据采集和通信是否正常。

（3）应保持电压监测仪的清洁，尤其是通信接口不能受潮、污损。

（4）掌抄机或掌上电脑要经常充电，保持工作状态完好。

2. 新的电压监测仪安装使用前的注意事项

（1）应进行电压监测仪外观检验，外表应无破损，包装齐全，有产品使用合格证。

（2）按键手感清晰，弹性恢复良好

（3）轻轻摇晃电压监测仪，应无异常响动，如听见异物声，应打开盖子检查是否有螺钉松脱。

(4)通电检查前，先查看接入的电压是否正确，应当从 0 V 逐步调节到额定电压，尤其要注意不能将高于额定电压 20%以上的电源接入仪表，以免造成仪表的过电压损坏。

(5)对同时具有 100 V、220 V、380 V 三种输入电压端口的监测仪，在上电前必须将电压监测仪内部的跳线正确跨接，否则会造成仪表示值不准，甚至烧毁采样电阻的事件密码。

(6)应按校验程序检查电压监测仪的测量精度，校对修正系数，设定防止误操作的密码。

(7)对存放时间超过规定时间的电压监测仪，使用前应先通电 4 h，使机内锂电池恢复电量。采用非易失性集成电路的监测仪可直接进行校验。如果发现监测仪原始数据丢失，应重新进行参数设定。

五、电压监测仪应该常备的技术资料

(1)要建立、健全每台电压监测仪的技术台账。

(2)要有检验原始记录及故障处理记录，至少保留一个轮换周期。

(3)要制订电压监测仪故障处理和报修工作流程。

(4)要制订规范管理作业指导书。

(5)变电所要保存电压检测仪的二次接线图。

第二节　供电电压监测管理系统

为了响应能源局《供电监管办法》的要求，同时也是供电企业自身进行供电电压管理的需要，国家电网公司和南方电网公司等都建设了统一的供电电压监测管理系统。供电电压监测管理系统能够实现对城网、农网 A、B、C、D 类监测点数据的自动采集，各级单位综合、A、B、C、D 类合格率实时计算，考核指标的智能对标预警，考核数据冻结与上报等应用功能，满足各级电网公司供电电压考核要求，能够实现供电电压的分级管理，实时有效的监测电力系统的供电电压质量。

一、供电电压监测管理系统的建设思路

(1)供电电压监测管理系统的建设要坚持标准化、归一化原则，在数据格式、通信规约、接口标准、数据采集几个方面采取统一的技术标准，在技术上，方便实现不同厂家和不同类型监测装置的接入，实现与不同的自动化系统的数据共享，便于系统的升级和迭代。

(2)供电电压监测管理系统的建设，在供电企业内容需要采取一体化的建设模式，采取统一的建设部署模型，避免由于个体化差异导致的数据有效性问题。

(3)供电电压监测管理系统的建设，需要统筹考虑城市电网和农村电网，保证检测数据完整性的同时兼顾经济性原则。

(4)供电电压监测管理系统的建设，需要考虑数据统计上报与考核评估体系的有机结合，构建逐级考核、分级管理的考核管理体系，统计考核力度清晰。

(5)供电电压监测系统需要具有综合分析和异常定位的能力，能够根据监测数据，经过分析后快速定位异常监测点和异常产生的原因，为运行管理工作提供辅助依据。

二、系统架构

(一)总体架构和总体技术要求

供电电压监测系统的总体架构应遵循分级监测、分级管理和逐级考核的思想。

其中,第一层为供电企业总部的供电电压管理责任部门,通常为总部运行检修部门,所有省网公司的供电电压监测统计数据需要汇总到这里;第二层为主站层,主站设在各网、省电力公司电压职能管理部门;第三层为子站层,部署在各地(市、区)供电公司电压职能管理部门;第四层为终端层,电压监测装置分布在变电站、用户侧。

通常,子站层和终端层从管理角度讲,需要统筹考虑,不将其完全分开,所以也可将终端层归为子站系统。典型供电电压监测管理系统架构如图 4-2 所示。

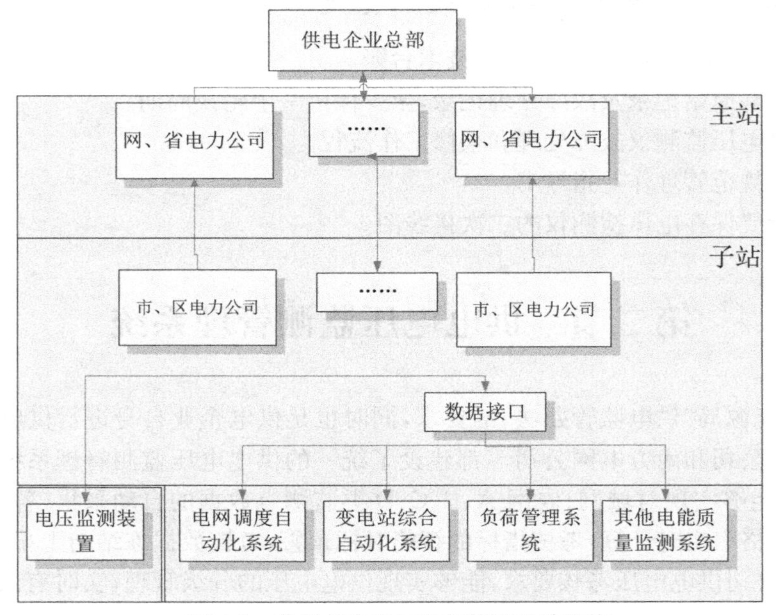

图 4-2　典型供电电压监测管理系统架构

1. 系统硬件配置要求

硬件配置应满足系统功能和性能的要求,根据系统功能的需要适当考虑冗余配置;硬件设备、系统架构必须遵循高安全性原则,符合国家相关部门和国家电网公司颁布的安全法规、条例的要求,确保网络安全;硬件设备的噪声、辐射等其他指标必须满足相关的国家标准或条例的要求。

2. 数据库服务器及备份设备要求

数据库服务器应采用安全成熟的操作系统,可采用冗余配置。备份软件与设备必须安全可靠、使用方便,能够自动执行备份策略。

3. 应用服务器及客户终端要求

根据系统设计的需要可选用高性能的工作或服务器。所选设备必须具有良好的可靠性和灵活的可扩展性,单个设备故障不应引起主要功能的丧失。

4. 软件配置要求

应用软件的系统设计应充分考虑将来系统完善和扩展的需要。应用软件按多层分布式应用体系结构构建。后台服务必须保证运行稳定、可靠，能够快速响应客户终端的请求。客户端要求易于使用、易于安装维护。

5. 安全防护要求

电压监测管理系统安全防护的总体目标是防止电压监测管理系统遭受攻击和侵害，保护系统的实时和历史数据，防止数据被非授权修改和删除。在电压监测管理系统安全防护部署中采用的安全设备包括防火墙、防病毒及入侵检测系统、加密认证方法、系统的备份与恢复、安全 Web、数字认证书等必须满足《电力二次系统安全防护规定》的要求。

(二)主站系统结构及技术要求

主站系统是省网公司进行供电电压管理的关键，主站层主要由主站系统、数据库、主站系统服务器、主站数据服务器等构成。各省的主站系统可能是采购于不同的系统供应商，但必须遵循统一的技术要求，使用统一的数据规约和数据传输方式。

图 4-3 为主站系统示意图，主站系统最主要的功能就是汇总子站系统的监测和统计数据，响应总部供电电压管理部门的查询指令，上传供电电压监测数据报表。

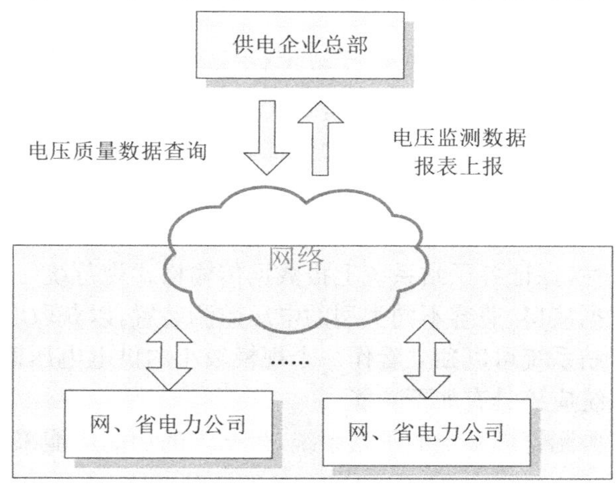

图 4-3　主站系统示意图

(1)对于主站系统，最基本的要求就是应能接收、管理、存贮由子站上报的电压统计和汇总数据。需要注意的是，主站系统必须保证收集到的所有供电电压监测数据的正确性、有序性和完整性。

(2)对于主站系统，应该具备统计分析功能，对子站上报的电压监测数据进行统计、分析，并形成电压合格率汇总报表，主站系统对电压合格率汇总报表的正确性负责。

(3)对于主站系统，应具有历史电压监测数据查询、统计、分析功能，上级系统或管理部门应能够根据权限随时查询历史监测数据、历史统计数据及历史报表。

(4)对于主站系统，应该具有报表发布功能，主站对于子站上报的电压检测数据报表经统计分析后，经过内部审批流程后，在网上发布。

(5)对于主站系统，最重要的功能是需要保证与供电企业总部相关系统的通信安全、畅通、可靠。

(三)子站系统结构及技术要求

子站系统是整个供电电压监测管理系统的基础，包含监测终端、通信链路、子站系统及服务器、子站数据库及数据服务器等，子站系统示意图如图4-4所示。

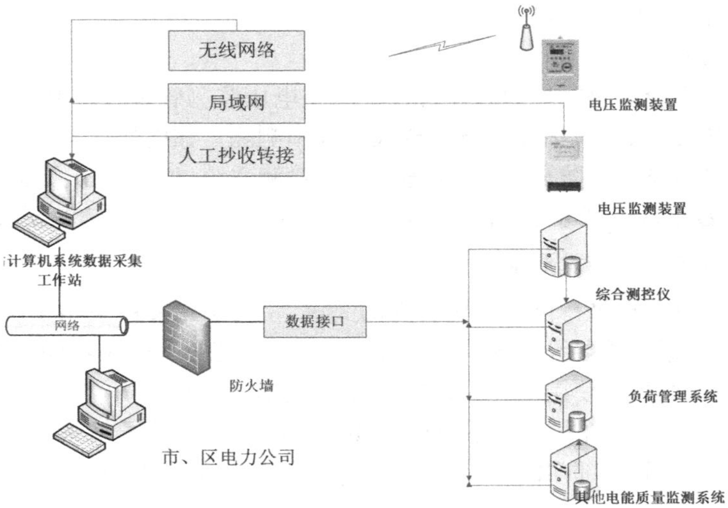

图 4-4　子站系统示意图

相对于主站系统，子站系统从空间上跨度更大，涉及的数据链路更长、环节更多，面对的环境更加复杂。所以，对子站系统，第一，必须保证具有极强的数据安全性，采用所有必要的安全防护措施，提供严格的用户认证，对操作用户进行授权与管理，保证系统及其数据的安全；第二，要保证数据的完整性，保证数据在系统偶然故障造成数据丢失时，应有补救措施；第三，要保证数据一致性，保证各子站系统上报数据传输格式规范统一；第四，要具有一定的开放性，提供开放的数据接口，兼容不同类型的电压监测装置，以获取电压监测数据。

从一定角度讲，子站系统可以独立看作一个规模较小的供电电压监测管理系统，功能应该全面。通常，子站系统应该具有如下功能。

(1)对于供电电压监测管理系统的子站系统，最基本的功能应能采集、管理、存储电检测点的电压检测数据。

(2)对于供电电压监测管理系统的子站系统，应具有数据分析的功能，对获取的电压检测数据进行统计，分析形成报表的功能。

(3)对于供电电压监测管理系统的子站系统，应具有完备安全的通信功能，能够按约定的传输信息格式向主站上报电压合格率报表。

(4)对于供电电压监测管理系统的子站系统，应具备与其他系统进行数据交互和共享的功能，对于已经安装其他系统终端并且符合电压监测要求的监测点，如电网调度自动化系统、变电站系统、负荷管理系统以及其他电能质量监测系统等，子站通过数据接口获取该系统的电压监测数据。

(5)对于供电电压监测管理系统的子站系统，应具备供电电压监测设备及其他附属设备台账管理功能。

三、供电电压监测管理系统功能

所有的电压监测管理系统应具备以下基本功能，在实际的电压监测管理系统中用户可以根据实际需要增加新的功能。

(一)台账管理功能

供电电压监测系统的台账信息主要是指监测点的台账。监测点台账数据包括监测点名称、安装地点、电压登记、监测点类型、电压检测装置类型、装置生产厂家、监测装置型号、通信方式、电压上限下限值、监测装置投运、校验日期等数据。

所有监测点档案信息数据应具有存贮、查询和维护功能。

(二)监测点运行数据管理

电压监测管理系统应具有电压数据的采集、存贮、查询统计功能。

1. 电压监测数据采集功能

根据电压监测装置的类型采用不同的工作进行数据采集。

应具备使用手持抄表机、USB移动盘或IC卡等抄收工具进行现场电压数据采集,然后接上位机导入基本抄收工作方式。

对于具有GPRS/GSM或以太网远程抄收功能的电压监测装置,应具备自动定时远程抄收及操作即时远程抄收监测点数据的功能。

可通过电网调度自动化系统,变电站综合自动化系统,负荷管理系统以及其他电能质量监测系统的数据接口接收电压检测数据。

2. 电压检测数据存贮功能

电压监测点的档案信息数据及运行数据应保存在数据库中。

3. 电压监测数据查询分析功能

数据查询功能应强大、简洁和直观,应能按监测点基础数据和运行数据的各项参数进行查询。

应能按要求对月度、季度、累计数据进行综合统计。

应根据报表格式要求,形成电压合格率报表,并具有数据导出功能。

应具备对电压合格率进行月度指标分析和指标考核的功能,并对年度指标进行分解管理。

4. 电压合格率报表上报功能

应能自动分类统计电压合格率形成汇总报表,并上报主站系统。

(三)电压监测装置的主要功能

1. 数据采集和分析

电压监测装置对被监测电压采用真有效值采样,其采样周期每秒至少1次,并作为预处理值贮存,1 min作为一个统计单元,取1 min内电压预处理值的平均值,作为代表被监测系统即时的实际运行电压。

电压监测装置应具有按月和按日统计的功能,包括电压监测总时间、电压合格率及合格率累计时间、电压越上限累计时间、电压越下限累计时间。

2. 数据传输功能

电压监测装置应具有本地通信接口,可采用光电口、RS485等通信口用于同手持抄表机等抄收装置直接连接进行数据抄收或初始参数设置。

3. 数据存贮功能

电压监测装置应能每天冻结如下数据:

(1)日总监测时间(min);

(2)日偏高累计时间(min);

(3)日偏低累计时间(min);

(4)日电压合格率;

(5)日最高电压及发生时间;

(6)日最低电压及发生时间;

(7)日电压曲线至少一天 24 点数据要求。

电压监测装置应能保存最近 60 天的日运行数据记录,并且数据在停电后保持一年以上不丢失。

(四)电压监测数据来源

A 类电压监测点,除安装电压监测仪以外,也可以利用变电站综合自动化系统的电压监测功能,监测和统计变电站母线、出线电压合格率。

B、C、D 类电压监测点,可采用电压监测仪、配电综合测控仪、负荷管理终端以及其他电能质量监测装置,监测和统计各类电压合格率。

(五)调度自动化系统和综合自动化系统电压采集要求

调度自动化系统和综合自动化系统电压采集样的统计单元应不大于 5 min,作为被监测系统即时的实际运行电压。

(六)通信要求

1. 主站与子站间通信要求

主站与子站通过局域网络,建立统一的数据传输格式,完成电压监测数据统计、分析、上报工作。

2. 各网、省公司的主站与国家电网公司的通信

各网、省公司的主站应具备与供电企业总部主站直接进行网络连接、数据传输的功能,应采用统一的数据传输格式。

3. 传输信息格式

在子站系统中电压监测装置使用的通信规约应具有高可靠性、安全性,并方便今后的扩展。

子站与电网调度自动化系统、变电站综合自动化系统、负荷管理系统等系统间数据传输规定应制定统一的数据接口,以获取监测点供电电压监测数据。

四、本节小结

作为供电企业众多监测管理系统的一部分,供电电压监测管理系统的功能相对简单,主要是对供电电压的监测和供电电压合格率的统计、计算和分析。未来,随着大数据技术、电力物联网技术、数据挖掘和数据融合技术在供电企业相关系统的广泛应用,供电电压监测管理系统一定会从形式上发生变化,变得更为经济高效。

第三节 供电电压偏差评估

供电电压偏差评估是供电电压管理工作中的关键一环。其中包含两部分内容:一是电

压合格率的统计计算；二是供电电压偏差评估。通常情况下，这两部分工作由各级供电电压监测管理系统自动实现。

一、电压合格率的计算方法

电压合格率是指实际运行电压在允许偏差范围内，累计运行时间与对应的总运行统计时间之比的百分值。

1. 某监测点电压合格率

监测点的电压合格率就是对该监测点的供电电压偏差超限情况进行统计的结果，即

某监测点电压合格率 = [1 − 监测点电压超限时间(min)/ 监测点运行时间(min)]×100%　(4-1)

2. 某基层单位同类监测点电压合格率

同类监测点的电压合格率就是对某供电基层单位责任区域内的相同类型的电压监测点的供电电压偏差超限情况进行统计的结果，取各监测点电压合格率的平均值，即

某基层单位同类监测点电压合格率 = $\sum$ 该类监测点电压合格率 / 该类监测点总数 × 100%　(4-2)

各类电压合格率为其对应监测点个数的平均值，按式(4-3)计算；各监测点统计时间不相同时，宜按式(4-4)计算。

$$\left.\begin{aligned}\gamma_A &= \sum_{i=1}^{n}\frac{\gamma_{A_i}}{n}\\ \gamma_B &= \sum_{i=1}^{n}\frac{\gamma_{Bi}}{n}\\ \gamma_C &= \sum_{i=1}^{n}\frac{\gamma_{C_i}}{n}\\ \gamma_D &= \sum_{i=1}^{n}\frac{\gamma_{D_i}}{n}\end{aligned}\right\}\tag{4-3}$$

$$\left.\begin{aligned}\gamma_A(\%) &= \left(1-\frac{\sum_{i=1}^{n}T_{Aui}+\sum_{i=1}^{n}T_{Adi}}{\sum_{i=1}^{n}T_{Ai}}\right)\times 100\%\\ \gamma_B(\%) &= \left(1-\frac{\sum_{i=1}^{n}T_{Bui}+\sum_{i=1}^{n}T_{Bdi}}{\sum_{i=1}^{n}T_{Bi}}\right)\times 100\%\\ \gamma_C(\%) &= \left(1-\frac{\sum_{i=1}^{n}T_{Cui}+\sum_{i=1}^{n}T_{Cdi}}{\sum_{i=1}^{n}T_{Ci}}\right)\times 100\%\\ \gamma_D(\%) &= \left(1-\frac{\sum_{i=1}^{n}T_{Dui}+\sum_{i=1}^{n}T_{Ddi}}{\sum_{i=1}^{n}T_{Di}}\right)\times 100\%\end{aligned}\right\}\tag{4-4}$$

式中　γ_{A}、γ_{B}、γ_{C}、γ_{D}——A、B、C、D类监测点的电压合格率；

γ_{Ai}、γ_{Bi}、γ_{Ci}、γ_{Di}——A、B、C、D类监测点中第 i 个监测点的电压合格率；

T_{Aui}、T_{Bui}、T_{Cui}、T_{Dui}——A、B、C、D类监测点中第 i 个监测点的电压超上限时间累计之和；

T_{Adi}、T_{Bdi}、T_{Cdi}、T_{Ddi}——A、B、C、D类监测点中第 i 个监测点的电压超下限时间累计之和；

T_{Ai}、T_{Bi}、T_{Ci}、T_{Di}——A、B、C、D类监测点中第 i 个监测点电压监测的总时间。

3. 某基层单位综合电压合格率

某基层单位综合电压合格率就是对该单位责任区域内所有的电压监测点的供电电压偏差超限情况进行统计的结果，通常对不同类型的监测点，采取不同的加权系数，即

$$\gamma_{Z}=0.5\gamma_{A}+0.5(\gamma_{B}+\gamma_{C}+\gamma_{D})/N\times100\% \tag{4-5}$$

式中　γ_{A}——A类电压监测点电压合格率；

γ_{B}——B类电压监测点电压合格率；

γ_{C}——C类电压监测点电压合格率。

γ_{D}——D类电压监测点电压合格率。

N——γ_{B}、γ_{C}、γ_{D} 类别数。

4. 某网省公司的各类电压合格率

某网省公司的各类电压合格率为其各所属单位相应电压合格率与其对应监测点数的加权平均值，即

$$\gamma_{i}=\frac{\sum N_{ij}\gamma_{ij}}{\sum N_{ij}} \tag{4-6}$$

式中：$j=1,2,\cdots,n$；$i=$A，B，C，D；N为监测点数。

下面以某供电所为例，说明基层单位某类监测点供电电压合格率的计算方法。

该供电所共有D类电压监测点7个，监测数据如表4-6所示，计算D类每个点的电压合格率，并计算该县供电公司D类电压监测点合格率。

表4-6　某供电所D类电压监测点监测数据统计表

序号	D1	D2	D3	D4	D5	D6	D7
运行总时间/min	43 050	43 080	43 000	43 150	43 115	43 006	43 070
超上限时间/min	313	335	232	301	66	79	91
超下限时间/min	75	65	99	22	245	167	155
合格率/%	99.10	99.07	99.23	99.25	99.28	99.43	99.43

1)方法一(科学时间计算法)

D1点的电压合格率计算方法如下：

$$\gamma_{D1}=[1-(313+75)/43\ 050]\times100\%=99.10\% \tag{4-7}$$

监测点D2、D3、D4、D5、D6、D7的电压合格率计算方法与 U_{D1} 的计算方法相同。

同样，单个的B、C或D类电压监测点电压合格率的计算方法与此相同。

该供电所D类电压监测点合格率计算方法如下(该供电所A、B、C类电压合格率的计算

方法与此相同)：

$$\gamma_D=[1-(\sum 超上限时间+\sum 超下限时间)/\sum 总运行时间]\times 100\%$$
$$=[1-(313+335+232+301+66+79+91+75+65+99+22+245+167+155)/(43\,050+43\,080+43\,000+43\,150+43\,115+43\,006+43\,070)]\times 100\%$$
$$=99.26\% \tag{4-8}$$

2)方法二(简单算术平均法)

D1点的电压合格率计算方法：

$$\gamma_{D1}=[1-(3\,313+75)/43\,050]\times 100\%=99.10\% \tag{4-9}$$

同理计算γ_{D2}、γ_{D3}、γ_{D4}、γ_{D5}、γ_{D6}、γ_{D7}。

$$\gamma_D=\sum 该类监测点电压合格率/该类监测点总数$$
$$=(99.10\%+99.07\%+99.23\%+99.25\%+99.28\%+99.43\%+99.43\%)/7$$
$$=99.26\% \tag{4-10}$$

经过比较，两种计算方法的计算结果基本一致。

下面以某供电公司为例，说明某基层单位的综合电压合格率的计算方法。

如已知某供电公司A、B、C、D类电压合格率分别为99.25%、99.19%、96.92%、98.25%，求该供电公司综合电压合格率。

该供电公司综合电压合格率为

$$\gamma_Z=0.5\gamma_A+0.5(\gamma_B+\gamma_C+\gamma_D)/N\times 100\%$$
$$=0.5\times 99.25\%+0.5\times[(99.19\%+96.92\%+98.25\%)/3]$$
$$=98.58\% \tag{4-11}$$

式(4-9)所示的计算过程适用于所有级别供电公司计算其责任区域内的综合电压合格率，包括供电企业总部、省公司、地(市)公司和县公司等。

除了综合电压合格率外，地(市)以上级别的供电公司还需要对各类监测点的电压合格率进行统计计算。下面以某网省公司为例，说明其A类电压监测点电压合格率。

某网省公司有6个基层供电公司，各供电公司A类电压监测点统计数据如表4-7所示，求该网省公司A类电压合格率。

表4-7　某网省供电公司A类电压监测点统计数据表

供电公司序号	A类监测点/个	运行时间/min			电压合格率/%			备注
		总时间	超上限	超下限	超上限率	超下限率	合格率	
1	60	258 000	8 000	6 000	0.31	0.23	99.46	
2	80	259 000	10 000	7 000	0.39	0.27	99.34	
3	140	258 000	12 000	8 000	0.47	0.31	99.22	
4	90	257 800	10 000	10 000	0.39	0.39	99.22	
5	100	258 100	15 000	7 000	0.58	0.27	99.15	
6	130	248 000	10 000	5 000	0.40	0.20	99.40	

该网省公司A类电压合格率，应为该网省公司6个基层供电公司A类电压合格率的加权平均值。

A 类监测点加权电压合格率的表达式为

$$\gamma_{A}=\frac{\sum N_{i}\gamma_{i}}{\sum N_{ij}}$$

$$=\frac{60\times0.9946+80\times0.9934+140\times0.9922+90\times0.9922+100\times0.9915+130\times0.994}{60+80+140+90+100+130}\times$$

$$=100\%99.29\% \tag{4-12}$$

同理，B、C、D 类电压监测点的电压合格率也是类似的计算过程。

供电电压合格率是供电电压管理和考核最核心的目标。根据《供电营业规则》和《供电监管办法》，供电电压合格率将城市电网和农村电网分类考核。实际上，在供电企业内部，考核的力度更细也更全面，本章第四节将展开介绍。

二、供电电压偏差评估

供电电压偏差评估即是电能质量管理的范畴，也是供电电压精益化管理不可或缺的环节，通过对供电电压偏差的客观评估，能够为供电电压管理及无功补偿相关工作提供辅助决策依据。供电电压监测管理系统对电压合格率的统计分析是供电电压偏差评估工作的基础，从一定角度讲，对供电电压偏差的评估本质上就是对电压合格率的评估。对于电压合格率的计算，上节已经介绍，本节不再赘述。

(一)电压合格率评定等级

电压合格率评定等级是进行供电电压偏差评估的定级依据，进行供电电压偏差评估首先要对此有明确的概念。

《电能质量评估技术导则 供电电压偏差》(DL/T 1208—2013)中将电压合格率按六级评定，评定周期为月(或周、季、年)，具体见表 4-8。

表 4-8 电压合格率评定等级

级 别	电压合格率的范围
一级	$99\%\leqslant\gamma\leqslant100\%$
二级	$98\%\leqslant\gamma<99\%$
三级	$97\%\leqslant\gamma<98\%$
四级	$95\%\leqslant\gamma<97\%$
五级	$90\%\leqslant\gamma<95\%$
六级	$\gamma<90\%$

表 4-8 中电压合格率评定等级越高划分越细，标准中之所以采用上述分级范围主要出于以下考虑。

(1)将 95%作为评定等级的一个基本判据(第四级)，主要考虑电能质量指标在时间和空间上均处于动态变化中，属于统计数据，具有正态分布的特性，规定为 95%概率大值相对比较科学。

(2)将 99%和 98%作为评定等级的第一级和第二级，主要参照南方电网公司的《电压质量和无功电力管理办法》(CSG/MS 0308－2005)和《国家电网公司电力系统电压质量和无功电力管理规定》，其中规定年度电网电压合格率达到 99%以上，年度供电电压合格率达到

98%以上。

(3)第三级设定为97%主要是方便供电企业的内部管理,同时有助于用户对供电电压偏差深入了解。

(4)第三级以下等级主要考虑到一些偏远地区的电网,网架结构薄弱,负荷分散,终端电压合格率偏低。事实上,近年来随着电网建设的加强和运行管理水平的提高,第三级以下的情况越来越少。

(二)供电电压偏差评估方法

对于电力系统供电电压偏差的评估工作,根据评估对象的不同,可以采取监测评估法和预测评估法。

对于已有电力系统及新建(改建、扩建)项目的验收,因为已经建设了供电电压监测系统,所以采用监测评估法。监测评估法就是通过安装电压测量设备,将实测数据与评估指标限值比较,评估电压偏差及电压合格率等级,并提出建议和改善措施。实际上,监测评估法可以由供电电压监测管理系统自动实现。

对于新建(改建、扩建)项目,在项目实施前,需要对建成后的电网供电电压偏差进行评估,此时采用预测评估法。预测评估法就是通过收集系统和负荷的设计资料,计算分析电压偏差,对电压偏差超出限值的情况提出治理建议与对策。预测评估法得到的评估结果可能存在误差,需项目建成后对预测评估的结果进行修正。

1. 监测评估

1)监测评估流程

(1)根据评估任务的来源和目的确定评估对象,收集系统电气参数。

(2)合理选取监测点。

(3)获取监测点实测数据。

(4)进行处理与统计,与评估指标限值比较,进行电压偏差指标评估及电压合格率等级评定,形成最终评估结论。

(5)对于电压偏差超出限值或电压合格率评定等级较低的评估对象,应提出相应的改进措施或建议。

(6)编制监测评估报告。

2)供电电压监测点设置原则

对供电电压偏差评估进行供电电压监测点设置时,设置原则与供电电压监测管理系统进行监测点布置基本一致,不同之处在于,当评估结果用于供用电纠纷仲裁时,监测点应设置在供电协议规定的电能计量点。

3)监测时间与数据记录

系统运行方式的变化和用户生产周期的改变(负载的改变)都会影响供电电压偏差,供电电压偏差评估的监测时间应连续进行,当评估结果用于供用电纠纷仲裁时至少持续监测一周;当评估结果用于其他目的时,可缩短监测时间,但不得少于24 h。

获得电压有效值的基本测量时间窗口应为10周波,等间距选取测量时间窗口,接近而不重叠,连续测量并计算电压有效值,最终计算获得供电电压偏差值。监测数据应每分钟存储一组,1 min电压有效值计算公式如下:

$$U_{1\min}=\sqrt{\frac{\sum_{i=1}^{N}U_i^2}{N}} \tag{4-13}$$

式中 $U_{1\min}$——1 min 电压有效值；

U_i——10 周波电压有效值；

N——1 min 内 U_i 的个数，N 取 300。

4)电压合格率的统计计算

供电电压偏差评估工作中，电压合格率同样分为监测点电压合格率、各类电压合格率、综合电压合格率，计算方法同供电电压监测管理系统一致。

2. 预测评估

1)预测评估流程

(1)根据评估任务的来源和目的确定评估对象，收集电网及负荷电气参数，包括电压等级、系统容量、负荷容量、最大有功及无功功率等。

(2)根据被评估对象对供电电压偏差需求和影响程度的大小，预测评估分三级进行：对于低电压、小容量的电力用户，认为其引起的电能质量现象轻微，可直接接入电网；对于不满足第一级评估规定的电力用户，进行第二级评估，本级评估程序中的预测值表明电力用户能否接入系统或需要进入第三级进行进一步评估；第三级评估适用于超出第一、二级评估范围或第二级中不被接受的电力用户，需要进行单独评估。

(3)编制预测评估报告。

(4)电源接入可参考执行。

2)第一级评估规定符合下列条件的电力用户可直接接入电网

(1)供电电压 380 V/220 V 及以上 20 kV 及以下，容量小于(等于)0.63 MV·A 的高压电力用户。

(2)供电电压 35 kV 及以上 110 kV 以下，容量小于(等于)2 MV·A 的电力用户。

(3)供电电压 10 kV 及以上，容量小于(等于)10 MV·A 的电力用户。

(4)无特殊供电负荷的 10 kV 及以下供电系统等。

3)第二级评估规定不满足第一级评估规定、符合下列条件的电力用户

(1)供电电压 20 kV 及以下，容量大于 0.63 MV·A、小于 63 MV·A 的高压电力用户。

(2)供电电压 35 kV，容量大于 2 MV·A、小于 40 MV·A 的电力用户。

(3)10 kV 及以上各电压等级的系统变电站。

本级电压偏差评估可采用以下公式进行简化计算，电压偏差不符合要求的进入第三级评估。

$$\delta U(\%)=\frac{Q_{\max}}{S_{\mathrm{dmin}}}\times 100\% \tag{4-14}$$

式中 δU——电压偏差

$Q_{\max}$——负荷最大无功容量，Mvar；

S_{dmin}——接入点系统最小短路容量，MV·A。

4)第三级评估规定

66 kV 及以上电力用户、不满足第二级评估条件及第二级评估结果不符合要求的电力用户，应进行第三级评估，评估结果不符合要求的提出可行的措施及改善效果。本级电压偏

差评估宜采用电力系统分析软件进行计算。

三、本节小结

供电电压合格率的统计计算和供电电压偏差的评估是供电电压管理工作中必然要进行的工作。两者互有不同又互相联系，现在的趋势是供电电压偏差评估与供电电压监测管理系统结合起来，直接从供电电压监测管理系统中生成供电电压偏差的评估结果，提升工作效率，避免重复工作。

第四节　基层电网电压合格率与无功管理统计分析

供电企业的供电电压管理(电压合格率管理)和无功管理工作通常同步进行，需要遵照相关的规定和标准制定科学的管理指标体系，管理、考核和统计分析工作必须遵照已有的管理指标体系进行。

基层电网的电压合格率与无功管理统计分析工作是各级电网进行供电电压和无功管理统计分析工作的基础。

一、管理指标体系

电压合格率和无功管理工作的管理指标根据管理内容和管理原则可以分为两大类，即评估类指标和考核类指标。

评估类指标是指难以根据数据确定硬性的技术型考核指标，需要根据实际情况，按照一定的评估办法和评估流程得到的指标。评估类指标偏重于对电网设备、资金投入、专业技术人员方面的评估，形成对县供电公司无功电压管理状况的宏观定位和整体管理实力的评估。原则上，评估类指标的指标数值越高越好。

考核类指标是指可以应用实际监测数据或者实际数据的统计分析值形成硬性的技术性考核指标。考核类指标偏重于采取具体的、量化的指标方式对国家制定的有关办法和规定进行考核，形成对供电企业无功电压管理具体各环节的控制。

供电电压和无功管理工作，指标体系非常清晰，以单类小指标管理为着力点，实现通过对小指标的控制来达到电压合格率达标和无功优化的目标。

(一)主要考核类指标

(1)各类电压监测仪的覆盖率，指各类电压监测仪的部署范围是否符合相关规定的要求。本指标主要用于控制 A、B、C、D 类电压监测的准确性和完整性，覆盖率要求≥100%。

$$\text{某类电压监测仪的覆盖率} = \frac{\text{实际安装的某类电压监测仪的监测点数}}{\text{应安装的某类电压监测仪的监测点数}} \times 100\% \tag{4-15}$$

(2)电压监测仪的轮校率，指电压监测仪是否依照相关规定进行轮较和检验。本指标主要用于控制监测仪的精确度，轮校周期为两年，轮校率要求≥100%。

$$\text{电压检测仪的轮校率} = \frac{\text{实际轮校的电压监测仪台数}}{\text{应轮校的电压监测仪台数}} \times 100\% \tag{4-16}$$

(3)电压监测仪的完好率，指部署在电网中的电压监测仪是否能够正常运行。本指标主要用于控制电压监测仪的完好性，完好率要求≥99%。

$$电压监测仪的完好率=\frac{电网中正常运行的电压监测仪台数}{电网中应运行的电压监测仪总台数}\times 100\% \tag{4-17}$$

(4)100 kV·A以上公用配电变压器无功自动补偿率，指100 kV·A以上公用配电变压器的无功补偿设备是否能够实现自动补偿。本指标主要用于控制低压配电网入口功率因数，自动补偿率要求达到100%。

$$100\ kV\cdot A以上公用配电变压器无功自动补偿率=\frac{实际自动补偿的配电变压器台数}{100\ kV\cdot A以上公用变压器总台数}\times 100\% \tag{4-18}$$

(5)负荷高峰时间35 kV(或10 kV)界面功率因数，指负荷高峰的时候，无功补偿能力是否足够，考核的是无功补偿的能力，35 kV线路和10 kV线路需要单独考核。本指标主要用于控制大负荷下无功分级就地平衡，减少无功流动，要求≥0.9且≤1.0。

$$负荷高峰时间35\ kV(或10\ kV)界面功率因数=\frac{界面有功功率之和}{界面视在功率之和} \tag{4-19}$$

(6)35 kV(或10 kV)公用线路平均功率因数，指一定时间内公共线路平均的功率因数是否达标，考核的是无功补偿的配置和控制逻辑的合理性，35 kV线路和10 kV线路需要单独考核。本指标主要用于控制大负荷下无功分级就地平衡，减少无功流动，要求≥0.85且≤1.0。

$$35\ kV(或10\ kV)公用线路平均功率因数=\frac{35\ kV(或10\ kV)公用线路有功功率之和}{35\ kV(或10\ kV)公用线路视在功率之和} \tag{4-20}$$

(7)35 kV(或10 kV)专用线路平均功率因数，指一定时间内专用线路平均的功率因数是否达标，考核的是专用线路无功补偿的配置和控制逻辑的合理性，35 kV线路和10 kV线路需要单独考核。本指标主要用于控制大负荷下无功分级就地平衡，减少无功流动，要求≥0.9且≤1.0。

$$35\ kV(或10\ kV)专用线路平均功率因数=\frac{35\ kV(或10\ kV)专用线路有功功率之和}{35\ kV(或10\ kV)专用线路视在功率之和} \tag{4-21}$$

(8)35 kV(或10 kV)线路并联电容器可投运率，指35 kV(或10 kV)线路的并联电容器是否完好，35 kV线路和10 kV线路需要单独考核。本指标主要用于控制35 kV(或10 kV)线路并联电容器的完好情况，要求≥90%。

$$35\ kV(或10\ kV)线路并联电容器可投运率=\frac{\sum 各35\ kV(或10\ kV)线路可投运电容小时数(kvar\cdot h)}{总电容日历小时数(kvar\cdot h)}\times 100\% \tag{4-22}$$

(9)380 V及以下并联电容器可投运率。本指标主要用于控制台区低压侧并联电容器的完好情况，要求≥96%。

$$380V及以下并联电容器可投运率=\frac{\sum 各公用台区可投运电容小时数(kvar\cdot h)}{总电容日历小时数(kvar\cdot h)}\times 100\% \tag{4-23}$$

(10)35 kV、10 kV、380 V电网电压正弦波畸变率。本指标主要用于控制35 kV、10 kV、380 V电网谐波，要求分别<3%、<4%和<5%。

(11)统计报表差错率。本指标主要用于控制、规范统计上报的规范管理，要求达到0%。

$$\text{统计报表差错率} = \frac{\text{不能按规定要求准确、完整、及时上报统计报表次数}}{\text{应上报统计报表次数}} \times 100\% \tag{4-24}$$

(12)监测点电压合格率抄表差错次数。本指标主要用于控制抄表工作的做假现象，要求达到0%。

(13)年度电网无功优化计算次数。本指标主要用于控制定期开展无功优化计算工作，要求达到≥1次。

(14)电压合格率承诺指标完成率。本指标主要用于控制承诺指标分月完成，要求达到100%。

$$\text{电压合格率承诺指标完成率} = \frac{\text{完成承诺指标月份数}}{12} \times 100\% \tag{4-25}$$

(15)供电综合电压合格率。本指标主要用于控制运行电压在允许偏差范围内，要求达到≥计划指标。

(16)各类电压合格率。本指标主要用于控制各监测点电压在允许偏差范围内，要求达到≥计划指标。

(17)35 kV电压允许偏差。本指标主要用于控制35 kV级电压在合格范围内。

(18)10 kV电压允许偏差。本指标主要用于控制10 kV级电压在合格范围内

(19)380 V电压允许偏差。本指标主要用于控制380 V级电压在合格范围内。

(20)220 V电压允许偏差。本指标主要用于控制220 V级电压在合格范围内。

(二)主要评估类指标

(1)35 kV(10 kV)电容器自动投切率。本指标主要用于评估变电所母线和35 kV(10 kV)线路电容器自动补偿能力，35 kV和10 kV分别考核，指标值越高越好。

$$\text{35 kV(10 kV)电容器自动投切率} = \frac{\text{可自动投切电容器容量}}{\text{电容器总容量}} \times 100\% \tag{4-26}$$

(2)380 V及以下低压电容器自动投切率。本指标主要用于评估公用配电变压器低压侧380 V及以下电容器自动补偿能力，指标值越高越好。

$$\text{380 V及以下低压电容器自动投切率} = \frac{\text{可自动投切低压电容器容量}}{\text{低压电容器总容量}} \times 100\% \tag{4-27}$$

二、报表管理

对于供电电压和无功管理，统计报表工作非常重要，统计报表的管理工作是做好供电电压和无功管理工作的基础。各有关单位和部门要认真做好包括台账、报表等基础资料的数据采集、汇总计算和上报等管理工作，以确保基础统计资料的可靠性、准确性和完整性。

目前，大部分的供电企业都已经部署了全范围的供电电压监测管理系统，统计报表通常可由各级供电公司根据权限从供电电压监测管理系统生成和提取。但为了保证报表的正确性和严谨性，仍需要进行人工审核，将明显不合理的数据剔除或修正。

为了真实反映各地的电压无功管理水平，确保指标的科学性，需要建立一个从上而下快速联动的统计报表管理体系，规范各类报表，以便能够为经济活动分析、生产运行管理和领导管理决策提供真实、可靠、全面、科学的依据。

供电电压和无功统计报表实行分级管理、逐级上报的方式，各级的报表形式类似，区别就是上报时间逐级延后。下面以基层供电所为例，说明统计报表的内容和格式。各供电所

每月须将下列8种报表按照要求上报营销管理部门，供电所不涉及B类和A类监测点信息，但B类和A类监测点的电压合格率月报表格式与C类和D类一致。

(1)C类电压监测点月报表如表4-9所示，表格中必须包含监测点的信息、运行总时间、超下限时间、超上限时间、超上限率、超下限率和电压合格率，通常无特殊情况不需备注，但当出现数值明显异常时，需额外备注说明。

表4-9　××年××月C类电压监测点月报表

填报单位：

类别	序号	监测点位置	运行时间			电压合格率(%)			备注
			总时间	超上限	超下限	超上限率	超下限率	合格率	
备注：C类电压合格率报表实行月报制，由营销管理部门电压无功专(兼)职填报，部门负责人审核，每月21日前报营销管理部门。									

审核：　　　　填报：　　　　日期：

(2)D类电压监测点月报表如表4-10所示，表格中包含的信息与C类电压监测点月报表相同。

表4-10　××年××月D类电压监测点月报表

填报单位：

类别	序号	监测点位置	运行时间			电压合格率(%)			备注
			总时间	超上限	超下限	超上限率	超下限率	合格率	
备注：D类电压合格率报表实行月报制，由营销管理部门电压无功专(兼)职填报，部门负责人审核，每月21日前报营销管理部门。									

审核：　　　　填报：　　　　日期：

(3)供电所电压监测点月报表如表4-11所示，表格中包含的信息与C类电压监测点月报表相同。

表4-11　××年××月供电所电压监测点月报表

填报单位：

类别	序号	监测点位置	运行时间			电压合格率(%)			备注
			总时间	超上限	超下限	超上限率	超下限率	合格率	
备注：供电所电压合格率报表实行月报制，由营销管理部门电压无功专职负责汇总后填报，部门负责人审核，每月21日前报营销管理部门。									

审核：　　　　填报：　　　　日期：

减小峰谷差，提高负荷率，减少高峰负荷电压越下限、低谷负荷电压越上限运行的现象，降低对电压的影响。农村负荷峰谷明显，负载率低，要多利用经济等手段，宣传鼓励用户在低谷时段用电，实现移峰填谷，使负荷曲线趋于平稳，改善电网的电压质量。节假日由于工业负荷的大幅度减少，变电站的主变压器负荷很轻时可以通过调整变压器的运行台数的方式降低母线电压，使之控制在合格范围之内。

(5)母线负荷调整。在开关间隔出口用电缆搭接进行两段母线的负荷调整，使母线负荷趋于平衡，以改善调压条件，使无功补偿设备能充分发挥作用，提高电压合格率。

(二)建设性措施

建设性措施则是指新建电力网时，为提高运行的经济而采取的措施以及为降低网损对现有电网采取的改造和加强的措施。这一类措施需要花费投资，因此往往要进行技术经济比较，才能确定合理的方案。

1.增加变电站电压调节设备的投入

随着电网结构的不断完善，部分变电站进行了增容改造，但无功补偿容量却没有随之增加，个别变电站补偿度远低于15%的最低限值。因各地区负荷性质不同，部分变电站的补偿度虽然满足要求，但无功需求依然很大，应该适当进行电容器组改造，增加补偿容量。在负荷高峰时段，对电压起到良好的支撑作用，避免电压过低。

加大设备资金投入，将无载调压主变压器更换为有载调压主变压器。最终达到有载调压主变压器覆盖率100%，将大大提高电压调控能力。

AVQC装置是目前我国使用最普遍的调压手段，对于VQC未投入运行的变电站结合综合改造，使AVQC投入运行，减少人为因素造成的电压超限。对于已投运的AVQC装置，部分设备已经老旧，出现问题比较频繁，经常闭锁，应予以更换。同时协调自动化部门，对AVQC闭锁的变电站实现远方复归，减少因路途遥远造成的电压超限时间过长。

2.加强电压监测仪、谐波在线监测装置装设

按照电网电压质量和无功电力管理的要求，针对A、B、C、D四类电压监测点设置原则，对所管辖的变电所10 kV母线，各电压等级用电客户均装设电压监测仪。

在谐波污染严重的变电站装设谐波在线监测装置，做到实时监控，实行谁污染谁治理，逐步消除谐波污染。

3.增加电源点，缩小供电半径

搞好电网规划，加快电网改造，增加变电站布点，增大供电能力，缩短10 kV供电半径，以满足负荷不断增长的需要。避免因单电源进线或主变压器停电检修造成10 kV母线电压因转电造成电压偏低，影响电能质量。

4.提升10 kV线路供电能力

(1)对供电半径大于15 km、小于30 km的10 kV重载和过载线路，优先采取在供电区域内将负荷转移到其他10 kV线路的方式进行改造。

(2)开展新增变电站出线回路数，对现有负荷进行再分配。若供区5年发展规划中无新增变电站布点建设计划，可采取加大导线截面或同杆架设线路转移负荷的方式进行改造。

(3)对于迂回供电、供电半径长且电压损耗大的10 kV线路，可采取优化线路结构、缩短供电半径、减小电压损失的方式进行改造。

5.提升配电台区供电能力

(1)对长期存在过载现象的农村配电台区,优先采取小容量、多布点方式进行改造。对居住分散的丘陵、山区农户,可采用单相变压器进入自然村的方式进行改造。

(2)对因季节性负荷波动较大造成过载的农村配电台区,可采用组合变供电的方式进行改造。

(3)对因日负荷波动较大造成短时过载的配电台区,可采用增大变压器容量或更换过载能力较强变压器的方式进行改造。

(4)对供电半径大于500 m小于1 000 m且500 m后低压用户数大于30户的低压线路,可采取增加配电变压器布点的方式进行改造。所带低压用户数较少的低压线路,可采用加装调压器的方式加以解决。

6.提升10 kV线路调压能力

(1)对供电半径大于30 km,规划期内无变电站建设计划,合理供电半径以后所带配变数量超过35台,所带低压用户长期存在"低电压"现象的10 kV线路,可采用加装线路自动调压器的方式进行改造。

(2)对供电半径大于15 km,小于30 km,所带低压用户存在"低电压"情况的10 kV线路,可采取提高线路供电能力的方式进行改造。

7.提升低压线路调压能力

(1)对供电半径大于1 km,3年内难以实施配变布点,且长期存在"低电压"现象的低压线路,可采用加装线路调压器或户用调压器的方式进行改造。

(2)对供电半径大于500 m、小于1 km,供电半径500 m以后低压用户数大于10户,且长期存在"低电压"现象的低压线路,可采用加装线路调压器或户用调压器及增大导线截面等方式进行改造。

第六节　配电网调压和无功补偿

作为最接近负荷端的电网,配电网的供电电压管理工作相对复杂:一是配电网的网络结构复杂,地域上分布广泛;二是配电网面对的负荷数量庞大,且情况千差万别,管理难度大;三是配电网的供电电压管理的成本控制难度更大,需要重点考虑供电电压管理措施的经济性。

一、配电网无功功率补偿的配置原则

(一)无功功率损耗的分布

无功补偿设备的配置,实际包括两个方面的内容:一是确定补偿地点和补偿方式;二是对无功补偿总容量进行布点分配。因此,除了要研究网络本身的结构特点和无功电源的分布之外,还需要对网络的无功电力构成做出基本分析,弄清无功潮流分布,才能进行无功合理布局。

通过对典型城乡配电网无功损耗构成情况的分析,各电压等级的无功损耗占总无功损

耗的比重为 0.4 kV 级损耗占 50%,10 kV 级占 20%,35 kV 级占 10%,110 kV 级占 20%。

(二)无功补偿设备的合理配置原则

从城乡电网无功功率损耗的基本状况可以看出,各级供用电网络和设备都要消耗一定数量的无功功率,尤以配电网所占比重最大。为了最大限度地减少无功功率的损耗,提高输电设备的效率,无功补偿设备的配置应按照就地补偿、分级分区平衡原则进行规划,合理布局,而且要满足以下要求。

1. 总体平衡与局部平衡相结合

要做到城乡电力网的无功功率平衡,首先要满足整个区域电网的无功功率平衡,其次要同时满足各个分站、分线的无功功率平衡。如果无功电源的布局选择不合理,局部地区的无功功率不能就地平衡,会造成一些变电所或者一些线路的无功偏多,电压偏高,过剩的无功功率就要向外输出;也可能会造成一些变电所或者一些线路的无功功率不足,电压下降,必然要向上级电网吸取无功功率。这样仍会造成不同分区之间无功功率的远距离输送和交换,使电网的功率损耗和电能损耗增加。所以,在规划时就要在总体平衡的基础上,研究各个局部的补偿方案,获得最优化的组合,才能达到最佳的补偿效果。

2. 供电企业补偿和客户补偿相结合

统计资料表明,客户消耗的无功功率约占 50%;在工业网络中,客户消耗的无功功率约占 60%;其余的无功功率消耗在供电网络中。因此,为了无功功率在网络中的输送,要尽可能地实现无功就地补偿、就地平衡。所以,应当根据总的无功功率需求,同时发挥供电部门和客户的积极性,共同进行补偿,才能搞好无功功率的建设。

3. 分散补偿与集中补偿相结合

无功补偿既要达到总体平衡,又要满足局部平衡;既要进行供电部门的补偿,又要进行客户的补偿。这就必然要采取分散补偿与集中补偿相结合的方式,集中补偿是指在变电所集中装设容量较大的补偿设备进行补偿,分散补偿是指在配电网络中的分散区(如配电线路、配电变压器及客户的用电设备等)分散进行的无功补偿变电所的集中补偿。

变电所的集中补偿,主要是补偿主变压器本身的无功损耗以及减少变电所以上供电线的无功功率,从而降低供电网络的无功损耗。但它不能降低配电网络的无功损耗,因为客户需要的无功功率仍需要通过变电所以下的配电线路向负荷输送。所以,为了有效地降低线损,必须进行分散补偿。又由于配电网的线损占全网总损失的 70%左右,因此应当以分散补偿为主。

4. 降损与调压相结合

利用并联电容器进行无功补偿,其主要目的是为了达到功率就地平衡,减少网络中的无功损耗,以降低线损。与此同时,也可以利用电容器组的分组投切,对电压进行适当调整。

二、配电网无功补偿模式

(一)区域电网全网无功补偿方式

区域电网全网无功补偿方式如图 4-5 所示,包含变电所集中补偿、中压线路补偿、随器补偿、低压线路补偿和随机补偿。

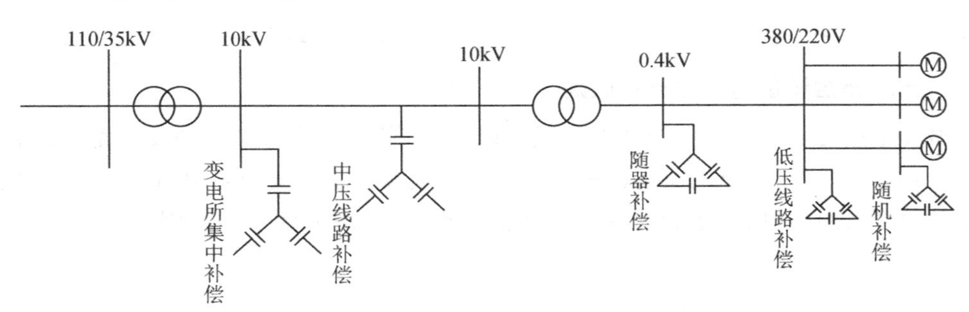

图 4-5　配电网无功补偿方式示意图

1. 变电所高压集中补偿

这种补偿方式是将高压并联电容器组集中装设在变电所的 10 kV 母线上，用以补偿主变压器的空载无功损耗，相应地减少变压器的容量，或增加变压器所带的有功负荷，并就近供应 10 kV 线路本身及其所带的用电设备的无功功率；同时可以利用电容器组的投切装置进行调压，改善电能质量。

2. 中压线路补偿

这种补偿方式是将电容器分散安装在 10 kV 配电线路上，以补偿线路的无功损耗。

3. 随器补偿

随器补偿是将电容器安装在配电变压器的低压侧，用以补偿配电变压器的空载无功功率和漏磁无功功率。

配电变压器随器补偿是将低压补偿电容器直接安装在配电变压器低压侧，与配电变压器同投同切，用以补偿配电变压器自身励磁无功功率损耗和感性用电设备的无功功率损耗。

配电变压器的补偿位置一般在出口处的总熔断器后，这样可用配电变压器低压绕组作为放电线圈，配电变压器低压侧总熔断器作为保护。无功补偿装置的容量选择，应根据实际负荷水平按提高功率因数的要求合理配置。随着负荷的变化，配电变压器随器补偿方式应使用无功自动补偿装置，自动投切一部分电容器组，以达到最佳补偿功率因数的目的。

4. 低压线路补偿(分组补偿)

这种补偿方式是将电容器集中安装在低压线路上，利用自动开关进行自动投切，以补偿低压配电线路和所带电气设备的无功损耗。

5. 随机(电动机)补偿(单机补偿)

随机补偿是将电容器装设在电动机旁，补偿电动机消耗的无功功率。随机补偿的接线如图 4-6 所示。

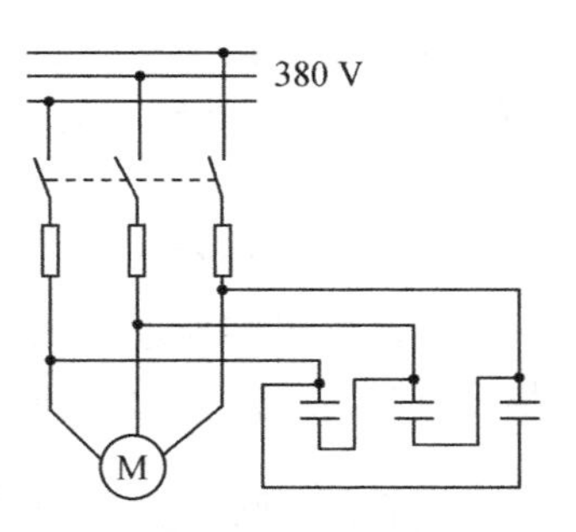

图 4-6　随机补偿接线图

三相异步电动机是企业最常用的电气设备之一，由于它们都是电感性负荷，所以在企业内部的生产运行中，功率因数一般都比较低，需要从电源中吸收大量的无功功率，才能正常工作，给企业造成较大的电压损失和电能损耗。因此，加强对三相异步电动机的运行管理，将有效地提高运行功率因数和综合效率，减少线路损耗。

对于异步电动机，可以采取单台补偿的方式，但应采取防止功率因数角超前和产生自励过电压的措施。对 7.5 kW 及以上投运率高的电动机最好进行无功补偿，为防止出现过补偿产生的谐振过电压烧毁电动机，应将电动机空载时的功率因数补偿到接近1.0。因为电动机空载时的无功负荷最小，补偿后满载的电动机功率因数仍为滞后，这样就避免了过补偿现象的发生。

（二）区域电网全网无功补偿模式

1. 高压配电网无功补偿模式

依据采用的无功补偿装置不同，高压配电网无功优化补偿有以下四种模式。

1）动态连续无功补偿

这种补偿模式适用于新建变电所、枢纽变电所、相对比较重要的变电所。电网中安装足够容量的动态无功调节单元能够有效解决系统电压稳定性问题，提高输电线路传输能力。其优点是实现无功动态平滑调节，有效降低无功补偿装置投切次数，降低故障率，延长装置及相关设备（包括电容器、开关等）的使用寿命。

2）自动投切电容器组

这种补偿方式可根据无功负荷的变化自动投切电容器组，使功率因数和电压始终保持在规定范围内，且不会出现严重的过补和欠补现象；能实现电容器组自动循环投切，使单组电容器和各投切开关使用概率接近，延长设备使用寿命；能够与有载调压变压器结合实现电压无功综合自动控制，并可具有过电压保护等功能；补偿级数（即补偿电容器分组数量）越多，补偿精度越高，装置的成本增加、体积增大。

3）电容器固定补偿

这种补偿模式的特点是不能随实际负荷的变化自动调节无功补偿容量，当无功负荷波动较大时，容易出现过补偿和欠补偿现象；补偿容量不宜过高，一般不超过主变压器容量的15%，重负荷时功率因数不高；在投入较大补偿容量时，会因合闸涌流对线路产生冲击；成本低，使用寿命长，接线简单，便于维护。

4）无功补偿＋滤波电容

母线装设的滤波支路同时具备补偿无功功能，无须另外安装固定电容器；在变电所集中补偿可就近向配电线路输送无功，同时可兼顾调压以及谐波治理；与单独安装无功补偿装置和滤波装置相比，可降低成本，减少占地面积，减少维护工作量。

2. 中低压配电网无功补偿模式

根据所选择补偿位置和补偿功能的不同，中低压配电网无功优化补偿可有以下4种模式。

1）配电变压器低压侧集中补偿

配电变压器低压侧集中补偿的目的是补偿配电变压器及其无功负荷消耗的无功功率；实现低压台区就地无功平衡；有效减少配电变压器和配电线路损耗。其缺点是配电变压器逐台补偿，会使补偿总容量加大，补偿工程的投资增大、运行维护工作量大。

2）线路补偿

对线路较长、负荷轻，且较为集中的中压馈线，可只进行线路补偿，其作用是补偿线路上感性电抗所消耗的无功功率和配电变压器的励磁无功功率损耗；有效改善电力线路的运行性能；降低电能损耗；提高线路末端电压。其特点是不能减少传送客户功率而引起的配电变压器损耗；与逐台配电变压器装设无功补偿装置相比，总投资少、维护工作量小。

3)配电变压器低压侧集中补偿+线路补偿

这种补偿模式适用于线路长、负荷重、功率因数低的10 kV配电线路。

4)无功补偿+滤波装置

这种补偿模式的特点是可有效减少谐波源注入电网的谐波量，抑制电压波动、闪变、三相不平衡和补偿功率因数；有效减小电容器对谐波的放大作用，保障电容器组的安全运行；需要专门设计，一次性投资较大，回收期较长。

3. 低压负荷端无功优化补偿模式

低压负荷端无功补偿依据选取的补偿位置和补偿方式不同，可分为以下几种模式。

(1)电动机就地补偿

这种补偿模式适用于用电设备负荷平稳、连续运行以及环境正常、年运行时间在1 500 h及以上、输出功率在5 kW及以上的客户。

(2)配电室集中补偿

对就地补偿有困难的工厂、车间内安装的电动机，可在动力配电室内采用装设分级、分相自动投切无功补偿装置的方式进行集中补偿。其主要特点是可降低台区配电变压器的电能损耗，不能减少厂区内部的线损；分级、分相自动补偿，可提高补偿精度，有效降低三相负荷不平衡所造成的电能损失；不需对电动机逐台补偿，补偿装置的一次性投资少，安装、维护工作量小，便于运行管理。

(3)电动机就地补偿+配电室集中补偿

这种补偿模式适用于配电台区除了较大功率的电动机之外，还有许多小功率电动机的情形。不适用于就地补偿的环境及其他感性负荷。

三、配电网无功补偿经济性

(一)补偿度与无功经济当量的关系

所谓补偿度，是指补偿容量Q_C占电网总无功消耗Q的百分比，即

$$a=\frac{Q_C}{Q}\times 100\% \tag{4-30}$$

补偿前的有功功率损耗为

$$\Delta P_{L1}=\frac{S^2R}{U_N^2}\times 10^{-3}=\frac{P^2+Q^2}{U_N^2}R\times 10^{-3} \tag{4-31}$$

加装补偿电容Q_C之后，有功功率损耗为

$$\Delta P_{L2}=\frac{P^2+(Q-Q_C)^2}{U_N^2}R\times 10^{-3} \tag{4-32}$$

补偿后有功功率损耗减少值为

$$\Delta P_L=\Delta P_{L1}-\Delta P_{L2}=\frac{Q_C(2Q-Q_C)}{U_N^2}R\times 10^{-3} \tag{4-33}$$

引入无功经济当量λ_b，无功经济当量的意义是线路投入单位补偿容量时，有功损耗的减少值，即

$$\lambda_b=\frac{\Delta P_L}{Q_C}=\frac{P_Q}{Q}\left(2-\frac{Q_C}{Q}\right)=\beta_Q\times\left(2-\frac{Q_C}{Q}\right) \tag{4-34}$$

式中　P_Q——Q个单位无功功率通过线路时，由线路电阻R所引起的损耗，kW；

β_Q——单位无功功率通过线路时，由线路电阻 R 所引起的损耗，kW；

$\frac{Q_C}{Q}$——无功功率的相对降低值，称为补偿度。

从式(4-34)分析可得以下结论。

(1)线路输送的无功功率 Q 越大，补偿后减少的有功功率损耗量就越大，说明补偿前功率因数较低，则无功补偿的经济效果较大。

(2)线路的电阻 R 值越大，补偿后减少的有功功率损耗量就越大，说明补偿点与无功电源的电气距离越远，则无功补偿的经济效果越大。因此，“就地补偿”就成为无功补偿的原则。

(3)无功补偿地点的电压等级 U_N 越低，则补偿后的经济效果越大，说明低压补偿优于高压补偿。

(4)式(4-34)中$(2Q-Q_C)$的值越大，则补偿后的经济效果越好，说明补偿容量越小，而效益却相对较大；补偿容量从小到大，相对效益则从大到小。

利用无功经济当量分析对比，可衡量电网中某一节点的补偿效果，比较简便地确定无功补偿的地点、补偿的容量、补偿应达到的水平。但它不能作为全网最优补偿的依据。

(二)各种无功补偿方式经济当量情况

假设变电所的一次侧为无功经济当量的零值点，各种补偿方式的无功经济当量见表 4-17。其中，电动机的随机补偿无功当量值最高，其次是配电变压器的随器补偿和低压集中补偿，因此补偿点选在配电网末端最好。

表 4-17　各种无功补偿方式经济当量

补偿方式	高压集中补偿	10 kV 线路补偿	低压线路补偿	随器补偿	随机补偿
无功经济当量	0.015～0.029	0.023～0.051	0.036～0.073	0.036～0.073	0.106～0.212

(三)各种补偿方式的工程投资情况(基于询价，仅供参考)

表 4-18 为各种无功补偿方式的单位投资情况，可以看出，相对而言，负荷端补偿的单位成本最低。

表 4-18　各种无功补偿方式的单位投资情况

补偿方式	变电所集中补偿			线路补偿	低压集中补偿	随器补偿	随机补偿
	电容器室外布置	专设电容器室	电容器柜				
综合投资(元/kvar)	49	56	40	41	60	34	34

由表 4-17 和表 4-18 可以看出，电动机随机补偿与配电变压器随器补偿的单位综合投资最小；对农网实际情况而言，低压补偿方式投资少，降损效果显著，且可实现无功就地平衡，即从负荷端进行无功补偿成本最低。

因此，配电网无功补偿应遵循以下原则：以供电区为单位，对其无功负荷进行系统分析，并从电网的末端入手，以补偿低压电动机和配电变压器的无功负荷为主，辅之以变电所高压集中补偿和线路分散补偿，即实现供电区的无功优化。

第七节　提升供电电压质量的管理措施

电压质量管理是一项系统工程，涉及规划建设、生产运行、市场营销相关业务，提升供电电压质量，围绕基础管理、电网规划、电网建设、运行管理和技术进步制定工作计划，明确部门职责和工作要求，并通过电压合格率指标层层分解、严格管控，促进电压管理常态工作机制的有效运转，达到提升供电电压质量的目的。

提升供电电压质量的管理工作可以从基础管理、电网规划、电网建设、运行管理、技术进步等方向开展工作。

一、基础管理

基础管理是开展电压质量管理工作的基石，主要包括健全组织架构、完善制度流程、规范岗位设置、加强电压合格率监测管理、促进电压质量管理人员技能提升等。

(一)强化电压合格率监测与分析

供电电压监测分析是进行供电电压管理工作的基础，所以提升供电电压质量的基础管理必须强化电压合格率的监测和分析，建设完善供电电压监测网络，做到供电电压监测全覆盖，同时深入开展电压合格率分析，准确把握电压质量水平和影响电压质量的突出因素。

强化电压合格率的监测和分析，必须遵照以下三个原则。

(1)全面原则。电压监测以电压监测仪为主，以调度自动化系统终端和计量自动化系统终端为辅，优化监测点设置，满足电压质量管理和供电监管要求。

(2)准确及时原则。通过加强电压监测仪运行维护，确保电压监测仪在线率。通过异常数据核查、监测仪周期校验，确保电压监测数据质量。

(3)短板和波动优先原则。优先分析指标差、环比波动大的监测点，制定措施予以解决。

强化电压合格率的监测和分析，本质上是强化供电电压监测点和供电电压监测管理系统的应用和管理。在实际工作中，主要从以下几个角度进行。

1. 优化电压监测点部署

电压监测点的优化部署至关重要，基本原则是在保证监测全覆盖的基础上尽量降低成本。

各类电压监测点的数量应满足以下要求：

(1)A类电压监测点数量应与带地区供电负荷的变电站10(20) kV母线数量一致；

(2)B类电压监测点数量应与B类客户和供电企业产权分界点数量一致；

(3)C类电压监测点每10 MW负荷设置两个及以上监测点，负荷的计算方法为上一年C类客户售电量除以统计小时数；

(4)D类监测点按每100个公用台区中选择一个台区，在其首末两端各设置一个监测点。

其中，C、D类电压监测点应选择典型客户进行设置。

C类典型客户选取需尽量依据如下原则：

(1)对于35 kV非专线客户，每1回35 kV非专线选择其最末端的客户作为被监测客户；

(2)对于10(20)kV非专线客户，利用配网GIS系统和调度自动化系统分别测算出每1座220 kV变电站、110 kV变电站、35 kV变电站的每一回10(20) kV公用线路的供电线路长度和线路负载率，在综合考虑合环转供因素，选择其中至少一回供电线路相对最长、负载率相对最高的线路，取其与变电站距离最远的10(20) kV专变客户作为代表性客户。

D类典型客户选取需尽量依据如下原则：

(1)利用配网GIS系统和调度自动化系统分别测算出每1座220 kV变电站、110 kV变电站、35 kV变电站的每一回10(20) kV公用线路的供电线路长度和线路负载率，选择其中一回供电线路长度相对最长、负载率相对最高的线路；

(2)综合考虑合环转供因素，选取该线路与变电站供电线路长度最长的10(20) kV公用配变，该台区的供电半径应为本线路末端台区中供电半径相对最长、负荷相对最重的台区，则该台区被选取为D类代表性台区；

(3)代表性台区数量不少于辖区内所有公用配电变压器的1%，按供电所设置，每个供电所应不少于1个台区。

2. 规范监测点动态调整方法

为了保证供电电压监测的时效性和真实性，应根据电网架构和客户变化情况，对电压监测点进行动态微调。

3. 加强电压监测终端管理

通过加强电压监测终端管理，规范终端巡视、缺陷和故障处理、定检等工作，不断提高终端在线率和数据质量。

1)明确电压监测仪运行维护要求

(1)各单位电压质量管理人员使用电压监测系统，及时发现电压监测仪故障，并通知相关责任单位处理。

(2)安装于变电站的电压监测终端应纳入变电人员巡视范围。已接入主站的终端应两个月巡视一次，未接入主站的每月至少巡视一次，巡视工作应在每月18日前完成。

(3)安装于客户侧的B类电压监测终端和C类电压监测终端的巡视，结合县区局营业部抄表工作进行，巡视周期与抄表周期一致；D类电压监测终端巡视纳入配电运行巡视范围，巡视周期与配电运行巡视周期一致。

(4)电压监测仪巡视内容包括终端工作环境是否正常、终端是否完整、工作状态指示灯是否指示正常等。

2)规范电压监测仪定检管理

电压监测仪校验由公司电力科学研究院归口管理，各单位试验部门(试验研究所或变电管理所仪表班)实施。正常情况下，电压监测仪每三年校验一次。对于中途返厂维修的，重新投运前应进行校验。经校验合格后，方可使用。

4. 深化电压合格率分析

生产技术部每月根据指标完成情况，梳理波动较大和指标较差的监测点，组织相关部门和单位深入分析。

深入分析电压合格率挖掘导致指标波动(或偏差)的原因，制定解决措施。

每月召开电压质量管理工作会议，通报指标完成情况、电压合格率分析和存在问题、工作措施落实情况以及下一阶段工作计划。

(二)建立电压管理工作机制

1. 建立年度工作方案滚动修编机制

提高电压合格率年度工作方案是指导电压管理工作的基础文件,由生产技术部牵头,计划、市场、基建、系统运行、县区供电局等部门和单位配合完成。

工作方案的编制应以充分的现状分析和措施实施效果评估为基础。直属各供电局每年应对本单位电压合格率指标进行分类分析,找到影响电压合格率的主要原因,总结提高电压合格率各项措施的实施成效,制定工作方案。方案应明确年度目标、主要举措、措施责任部门和完成时间以及标志物。

2. 建立月度会议和定期协调机制

直属供电局应建立电压管理月度会议机制。直属供电局月度电压管理会议一般在公司供电质量月度会议之后尽快召开,会议由生产技术部组织,系统运行部、变电管理所、试验研究所、县区供电局相关人员参加。会议应就指标完成情况、年度工作方案落实情况进行重点分析,协调解决工作推进中遇到的问题。

直属供电局应建立电压管理定期协调机制,重点就电压管理工作中跨部门工作或年度重点工作等进行协调,协调周期及相关参会人员需根据具体情况确定。

3. 建立检查与考核机制

直属供电局应加强电压管理工作的检查与考核,每年根据公司下达的电压合格率指标,结合本单位管理提升要求,将电压合格率指标分解下达至系统运行部、变电管理所、县区供电局,并结合安全检查、供电服务检查等工作,进行电压管理工作检查。各单位应根据实际电网结构水平、电源分布、配网重过载情况、年度负荷预测等情况,科学合理地制定和分解指标。其中,A 类电压合格率指标应分解至系统运行部和变电管理所,B 类电压合格率指标应分解至系统运行部,C 类电压合格率指标应分解至用电检查归口部门,D 类电压合格率指标应分解至配网运行部门。

电压工作检查每年不少于两次。检查的重点内容包括指标完成情况、年度重点工作和常态工作开展情况、监测点设置情况、电压监测终端运行维护和台账等。检查后,应形成检查报告,重点就检查中存在的问题进行分析,并督促限期整改。

4. 建立组织和资源保障机制

直属供电局应建立完善电压质量管理结构。电压质量管理人员应采取专、兼职相结合的原则,电压管理归口部门宜设置电压管理专职人员,负责本单位电压质量管理。计划部、市场部、基建部、系统运行部、试验研究所应专人负责电压管理相关业务,有条件的县区供电局可设置专职电压管理岗位。直属供电局应加强各级电压质量管理人员的专业培训,使之满足电压管理岗位技能要求。电压质量管理人员不宜频繁变动,原则上年变动次数不超过一次。

电压质量管理人员培训应结合公司岗位胜任能力评价工作同步开展,逐步推进电压质量管理持证上岗工作。

二、电网规划

电网规划是电压质量管理工作的源头,是持续提高电压质量的根本,主要包括主配电网规划、无功规划等。其中,优化变电站无功补偿配置和推进配电台区项目精益化管理是本领域目前的重点工作。

(一)优化变电站无功补偿配置

1. 电网规划内容

直属供电局规划部门结合地区“十二五”电网规划滚动修编,深入完善无功补偿规划相关内容。在分析现有主网电压质量、无功平衡的基础上,结合新增变电站布点,制定分层分区平衡的无功补偿规划。

2. 深化新建、改建变电站前期工作

在新建、改进变电站的前期工作中,直属供电局规划部门应充分了解变电站所在地区电网情况、主变选型、出线类型与规模、负荷预测、地方电源接入情况,并以此为基础进行变电站无功补偿分析和计算。

无功补偿方案满足补偿主变无功损耗、主网下送无功(或倒送无功)和调节系统电压的需求。特别是在小水电集中上网、电缆进线和出线较多的变电站,应根据实际情况配置感性无功补偿装置。感性无功补偿容量计算应在轻载下进行。小水电集中上网地区,应在水电大发的条件下进行计算。

电网工程可行性研究评审工作由计划部组织,生技、系统运行和变电等部门参加,评审内容包括是否满足南方电网公司有关技术标准、是否符合系统安全稳定以及区域无功平衡和电压调节要求。

3. 做好装置配置和选型

容性无功容量一般不大于主变容量的30%,35 kV~220 kV变电站高压侧功率因数应满足在主变最大负荷时,不低于0.98,在低谷负荷时,不高于0.95。

(二)推进配电台区项目精益化管理

1. 深化细化配电网规划

配电台区应按“小容量、多布点”的原则进行规划,配电变压器应尽量靠近负荷中心,缩短负荷供电半径,低压供电区域分区明确,减少迂回供电,配电网接线结构简单,工业客户尽量集中线路供电,减少对居民客户供电质量的影响。配电台区无功补偿应以集中补偿为主、分散补偿为辅,实现台区无功就地平衡。

2. 滚动修编配网工程项目库

配电运行部门根据客户服务中心电压质量投诉(意见和反映)临时处理情况、电压测量情况、台区负荷新增需求,定期进行配电台区电压质量分析评估,提出配电台区新增布点需求。项目库管理部门根据配电运行部门提出的新增布点需求,按照“不发生影响公司形象的电压质量投诉事件”为目标,滚动修编配网工程项目库,确保严重影响客户正常用电的低电压台区得到及时、优先整改。

3. 合理确定供电半径

配电台区的供电半径应按照地区特征确定。台区最长供电半径为由台区出线开关至最终端客户的产权分界点处。

4. 开展新建(改造)台区电压校验

配电台区设计应进行电压校验,主要对最长供电半径线路的首末端电压进行校验。校验应以线路规划负荷、预测功率因数、线路长度、导线型号为基准参数,最长供电半径首末端电压降原则上不超过15%。在设计方案中,同时应根据最长供电半径电压降计算情况,提出配变分接头定值建议,并按照预测功率因数进行无功补偿配置设计。若台区供电半径超标且电压校验不合格,应对设计方案进行优化。采取调整配变位置、优化供电线路走向、适当增大线径或台区分散无功补偿等措施,确保新增台区客户电压合格。

三、电网建设

电网建设是改善电压质量项目实施的重要环节,主要包括变电站及配电台区建设、供电线路建设、配电台区及低压线路改造等。其中,合理安排低压配电网改造是重点工作。

1. 加强项目进度计划管理

根据负荷预测和电压评估,合理安排年度工程项目实施计划,对解决负荷高峰期电压严重不合格和设备过载的项目,应提前安排,一般在迎峰度夏前完成项目实施投运。

严格执行项目里程碑进度计划,建立工程实施进度的"红绿灯"管控机制,注重工程关键节点控制,建立顺畅的信息通道,确保项目按计划完成。

2. 做好项目质量的管理

抓好基建质量管理规定和作业标准执行,做好重点工序和关键部位薄弱环节的控制工作,防止工程实施过程中,因质量控制点的疏漏导致质量缺陷。

四、运行管理

加强运行管理是现阶段提高电压合格率的主要措施,包括优化调度运行方式、加强变电站母线电压监控、优化配变挡位设置、调整配变三相负荷不平衡、加强电力业扩报装管理和用电检查以及建立客户电压质量投诉快速处理机制等。

(一)优化调度运行方式

1. 合理安排运行方式

以无功分层分区平衡为原则,优化电网无功运行方式。充分考虑夏大、冬小、丰大等典型方式,统筹考虑无功设备、发电机组、主变挡位的调节能力,制定不同的无功电压控制目标,并以此为依据编制年度无功电压方式安排和整体控制策略。

2. 优化整定220 kV主变分接头运行挡位

目前,220 kV主变分接头在整定中心挡位正负两挡范围内可调。由于电网负荷和小水电出力随季节波动较大,部分地区主变中心挡位不一定满足全年的电压调控需求。

3. 加强机网协调和地方电源控制

进一步加强发电机组调度管理,深挖机组对电网电压无功的调控能力,充分利用地方机组无功出力,以减少变电站电容器不合理增容。

(二)加强变电站母线电压调控

1. 稳步推进AVC建设

直属供电局制定本单位AVC建设工作计划,对于已具备基础自动化条件的变电站,应明确工作职责,理顺业务和管理流程。

2. 加强AVC运行管理

直属供电局系统运行部应对母线电压合格率较低的变电站进行AVC调控分析,优化

AVC 定值和策略，进一步提高 AVC 受控站的母线电压合格率。

3. 规范非 AVC 受控站的 10 kV 母线电压控制

监控人员应根据历史母线电压和负荷情况，清楚掌握负荷变化规律，建立相应的调控策略。按照“先容抗，后抽头”的原则，实时进行电压调控。

（三）优化配变挡位设置

1. 建立健全配网挡位档案

供电所运行维护班组应建立配变挡位档案，并在调挡工作完成之后，及时对档案进行更新。

2. 配变投运前确定最优挡位

配变投运前，供电所运行维护班组应根据 10 kV 接入点电压、台区供电半径与负荷情况，选择合理的挡位。配变投运后，运行维护班组应记录挡位档案。

3. 优化在运配变挡位定值

供电所运行维护班组应进行低压台区首末端电压测量，每半年至少一次，对于有客户投诉的台区，应增加测量次数。结合电压监测系统、计量自动化系统、营配一体化系统，掌握台区首末端电压越限特征，制定本单位配变挡位调整边界条件。

4. 配变挡位调整

对于满足调挡条件的配变，供电所运行班组应将其列入月度工作计划。挡位调整应尽量结合计划停电开展，需申请停电的应列入月度停电计划。

（四）调整配变三相负荷不平衡

1. 建立台区负荷分析及异常处理管理机制

以运行维护班组为单位，按照岗位职责落实“计划派工、数据采集、数据录入、数据统计分析、数据审核”等五项业务，建立并及时更新公用台区配变负荷情况汇总表和公用台区月度负荷异常情况汇总表。

2. 加强台区三相负荷不平衡度测量与分析

台区三相负荷不平衡度测量应结合配变及低压分路出线负荷测量工作开展。测量宜选择在负荷高峰时段进行，用电高峰季节或对于存在三相负荷不平衡的台区，应酌情增加测量次数。结合台区现场实际情况，对不平衡度超过 15％的线路制定临时性或永久性解决措施，落实措施节点时间，并纳入班组工作计划管理。

3. 做好客户接入相序选择

注重用电与配电应密切配合，加强公用台区新增低压负荷报装用电管理，尤其加强新增单相负荷接入相序的管理。

4. 合理安排低压配电网三相不平衡改造

编制公用台区低压配电网改造可行性方案时，应结合台区负荷曲线情况，注重低压负荷的三相均衡，并制定公用台区负荷分配接线图，做到任何一个客户的用电改造接入低压配电网，都受三相负荷平衡度的限制和受负荷分配接线图的指引，提高配网改造针对性。

（五）加强业扩报装和用电检查管理

1. 合理确定供电容量

严格按照《工业与民用配电设计手册》有关负荷计算的规定，根据设备类型、设备容量、设备数量、工艺流程等基础数据，选择适当的同期系数，并参考同类型客户供电报装情况，综合确定客户供电容量，既不报大用小，造成供电资源浪费，也不报小用大，造成供电设备过载。

2. 合理评估非居民客户接入电压

对于非居民客户接入，供配电设计人员根据台区当前负荷水平、三相负荷不平衡度、低压配电网结构与参数、新接入客户的用电容量和用电设备等基本信息，核算客户接入后其对配变负载率和功率因数、台区三相负荷不平衡度、台区首末端电压的影响。

3. 严把低压客户接入审批关口

如果低压客户接入位置超出合理供电半径范围，应对客户接入后线路末端电压进行校核。如果可能影响客户正常用电，则建议客户选择其他接入点。

4. 加强低压客户用电检查

供电检查人员应定期组织开展低压客户用电检查，核查客户对供用电合同的执行情况。对于针对电压合格率偏低、电压质量投诉较多的台区，应进行重点检查。检查的重点包括擅自变更用电类别、私自增容、低压无功补偿设备未投入等，对发现的问题要求客户限期整改。

(六)建立客户电压投诉闭环管理机制

1. 客户投诉传递

直属供电局客户服务中心在收到客户电压质量投诉后，应及时启动工作单，将投诉传递至相关县区局、计划发展部、生产技术部、基建部等相关业务部门。

2. 客户投诉分析与处理

收到客户投诉后，供电所应在 2 个工作日内，进行现场测试、核查，分析造成电压质量低的主要原因。

3. 应急处理机制

对于严重影响客户正常用电的问题，造成客户无法正常生产生活的投诉问题，应按照供电抢修处理方式，先解决客户投诉问题，避免减少低电压对客户生产生活的持续影响。对于其他电压投诉问题，依据影响情况、历史用电量、所需投资金额、客户重要性等进行优先级排序，开通绿色通道对客户所反映的电压不合格情况予以及时解决。

4. 意见反馈

客户服务中心根据供电所反馈的处理结果，及时与客户进行沟通解释，并在问题解决前对处理过程进行全面跟踪。

五、技术进步

技术进步是提高电压质量的重要手段，主要包括电压监测系统的实用化和各种改善电压质量新方法、新技术和新设备的应用等。当前，深化电压监测系统功能应用是本领域的重点工作。

1. 开展电压监测系统实用化

直属供电局以监测系统为平台，开展电压监测点管理、电压监测装置管理(校验、缺陷与故障)、电压合格率指标管理、电压合格率分析管理等常规业务，尽量减少人工报表操作，提高工作效率。

2. 完善电压监测系统应用功能

根据系统应用情况和业务需求，开发应用电压监测系统高级应用功能，不断提高电压质量管理信息化支撑水平。

(1)在供电电压监测管理平台上，逐步集成调度自动化、计量自动化系统中电压质量相关的数据，扩大电压质量监测覆盖范围，并综合利用各类数据，加入“电压质量综合分析”“变电站无功管理”“电压质量提升辅助决策”等功能模块。

(2)建立电压监测系统与安全生产信息管理系统的接口，逐步实现系统间数据和台账的双向交互与共享、任务的下达与处理、工单的部门流转等，理顺电压质量管理业务流程，提高工作效率。

3. 建立完备的电压工作评价信息库

紧密结合电压监测系统，对电压工作和电压完成情况进行记录。分层分级开展指标对比和工作完成情况的统计与评价。通过一系列高级对比和分析功能(如对电压严重不合格的地区，进行电压红色预警)，指导地市供电局不断完善电压合格率提升工作。

第八节 小 结

本章从技术措施和管理措施两个角度介绍了供电企业在供电电压管理方面采取的措施。关于技术措施，主要从供电电压监测终端、供电电压监测系统、供电电压偏差评估、电压合格率与无功管理统计分析、提升供电电压合格率的技术措施、配电网调压和无功补偿等方面展开论述；关于管理措施，简要介绍提升供电电压的管理措施。

第五章 供电电压管理体系

供电企业的供电电压管理问题非常复杂，尤其是对于国家电网公司和南方电网公司这种体量的公司，需要依据相关管理理论，结合各自的实际供电电压管理情况，建立完整的供电电压管理体系。

供电电压管理体系的建立，离不开风险管理理论和精益化管理理论在供电企业内部的实践。本章前两节简单介绍风险管理和精益化管理理论，第三节以某省级电网公司为研究对象，探索供电电压精益化管理模式。

第一节 风险管理

风险一般是指某种事件发生的不确定性。风险管理理论中的风险是指损失发生与否不确定、发生的事件不确定、发生的地点不确定、发生的过程不确定以及发生的结果不确定。

风险是客观存在的，就某一具体风险而言它是偶然的，但对于大量风险事故而言却呈现出明显的规律性。这就使利用概率论和数理统计方法计算其发生概率和损失幅度成为可能。一般定义风险的数学表达式为

$$R = S \times G \tag{5-1}$$

式中：S 为事故损失；G 为事故概率；R 为风险程度的大小，即风险事故损失的数学期望值。

风险管理最早是由美国宾夕法尼亚大学所罗门·许布纳博士 1930 年在美国管理协会发起的一次保险问题会议上提出来的，具体指各经济单位通过识别、衡量、分析风险，并在此基础上合理综合地使用多种管理办法、技术手段对目标涉及的风险进行全面有效的控制，以期用最小的成本保证安全实现目标。

一、风险管理一般过程

风险管理是一种过程。风险管理技术是识别和度量风险，选择、拟定并实施风险处理方案的一种有组织的手段。风险管理是按照装备研制项目的风险管理政策，对资源进行系统地和反复地优化的过程。风险管理是在所有项目范围内，将任务和责任落实到工作中，能辅助项目管理进行管理、工程实践和做出判断。

风险管理技术涉及风险管理规划、风险的早期识别和分析、风险的连续跟踪和评估、纠正措施的尽早实施、沟通、文件编制和协调等。

风险管理方法由四部分组成：规划、评估、处理和监控，如图 5-1 所示。

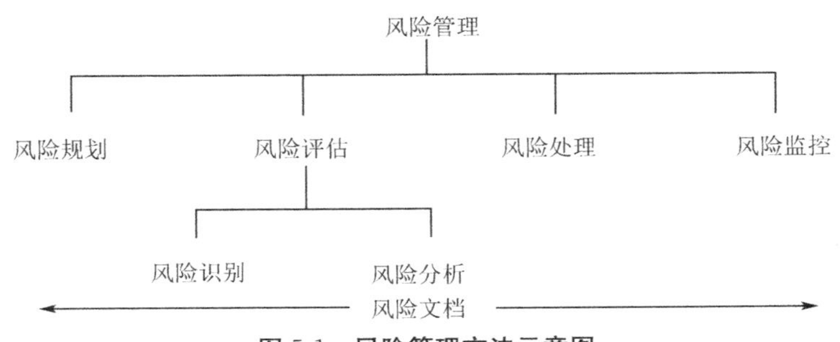

图 5-1　风险管理方法示意图

风险管理的四要素形成连锁的闭环，并从初始规划之后相互依赖。风险管理要求由每个部门共同承担责任，并明确由上至下的职责和职责权限。风险管理是项目管理的内容之一。风险管理是不断迭代的过程，要尽可能地利用现有项目管理过程的要素。

（一）风险规划

风险规划是确立有组织的、综合性的风险管理途径的持续策划的过程，策划的结果是编制风险管理计划。

1. 风险规划的主要内容

(1)确定风险管理的目的和目标。

(2)确定风险管理使用的方法、工具和数据资源。

(3)明确风险管理活动中各类人员的任务、职责及能力要求。

(4)规定评估过程和需要考虑的区域。

(5)规定选择处理方案的程序。

(6)规定监控衡量标准和监控程序。

(7)确定报告和文档的需求，规定报告的要求。

2. 风险管理计划

风险规划过程的输出是编制风险管理计划。风险管理计划是整个风险管理过程的指导性文件，风险管理计划包括的内容如下。

(1)引言：说明计划的目的和目标。

(2)项目的概述：简要介绍项目、项目管理方法。

(3)定义：确定项目风险定义范围，例如技术、进度、费用等方面风险的定义、风险等级的定义及其他事项。

(4)风险管理的策略和方法：综述风险管理的方法，包括风险管理现状和项目的风险管理策略、方针、政策和方法。

(5)组织机构：说明风险管理的组织，逐个列举参与人员的职责。

(6)风险管理过程和程序：说明风险管理需经历的必要过程，即风险规划、评估、处理、监控、记录文档，并对这些过程环节作基本解释。

(7)风险规划：规定风险规划过程、持续的风险管理计划、计划的修改更新问题及批准等指导意见。

(8)风险评估：规定风险评估过程和程序，概述风险识别、风险分析的过程，以确定风险等级和需制定应对措施的风险。

(9)风险处理：阐明用于确定和评定风险处理方案的程序，对各种风险处理方案如何用于具体风险提出指导意见。

(10)风险监控：规定监控风险的过程和程序，规定准则以明确什么样的风险需要提出报告、报告的频次是多少。

(11)风险文档和报告：规定风险管理信息系统的结构、需要编写的文档和报告，规定报告的格式、频度及编写的职责。

(二)风险评估

风险评估是装备研制项目风险管理过程中最重要的阶段之一，风险评估是对项目各个方面的风险、关键性的技术过程的风险进行识别和分析的过程，其目的是促进项目更有把握地实现其性能、进度和费用目标。风险评估过程包括三个步骤：风险识别、风险分析和风险排序。

1. 风险识别

风险识别是指对项目的各个方面、各个关键性技术过程进行考察研究，从而识别和记录有关风险的过程。风险识别活动包括：

(1)识别风险源、不确定因素源和主要因素；

(2)通过风险分析技术，将不确定因素转化为确定的风险；

(3)确定风险发生概率和发生后果的危害程度；

(4)依据风险评估准则，量化风险；

(5)确定风险项目的优先顺序(风险排序)。

2. 风险分析

风险分析是指对已识别的风险事件(项目)进行具体的详细研讨、分析，判定可能出现的情况以及关键过程对预期目标偏离的程度，确定每一风险事件的发生概率和后果，从而评定其风险的大小；同时通过分析确定促成风险的原因，找出风险致因，以便为确定规避风险策略提供依据。

风险分析的方法通常有：

(1)故障模式影响及危害度分析(FMECA)；

(2)故障树分析(FTA)；

(3)建模和仿真；

(4)可靠性预计；

(5)专家的评估；

(6)类推比较/经验教训法。

3. 风险排序

风险排序是指依据风险分析的方法所得到的风险大小或不同的风险等级，按其高低、大小顺序排列的方法。风险排序可以风险类别(如进度、费用、技术)、风险区域、风险过程分别进行，也可综合排序。不论采取哪种形式排序，都要充分利用风险识别、风险分析过程中得到的定性和定量的数据或信息，在专家的评判中排出风险次序，并确定关键风险区域和关键风险过程。

(三)风险处理

风险经过评估后，必须对确定的风险规定规避策略，制定处理重大风险的方法。风险处理包括处理已知风险的具体方法和技术，完成各项任务的进度安排，明确各风险区域的责任者及估计费用和进度影响。其主要目的之一是将风险控制在可接受的水平上。

风险处理包括确定应当做些什么，由谁负责，何时完成，需要多少经费等。从可行性、希望获得的效果、资源需求是否可承受、制定和实施方案的时间多长以及方案是否对系统的技术性能造成影响等方面，评价各种风险处理供选方案，从中选取最恰当的处理方法。

风险处理的方法有风险避免、风险控制、风险转移、风险接受。

(四)风险监控

风险监控是指按既定的衡量标准对风险处理的效果进行持续跟踪和评价的过程，必要时还包括进一步提出风险处理备选方案。监控结果可以为判定新的风险处理方法奠定基础，也可能识别新的风险。风险监控是一个连续的过程，风险监控过程的关键在于能对潜在问题及早报警，以便采取管理措施。

风险监控的方法可有试验和评定、获得值管理、技术性能度量、项目的衡量标准、进度执行情况监控等。

二、全面风险管理

体系化风险防范机制是在企业建立全面风险管理体系，全面风险管理代表着风险管理的前沿理论和实务的处理方式。

全面风险管理是这样一个过程：它与企业的董事会、管理层和其他员工紧密相关，在战略制定中得到应用，贯穿于整个企业，用来识别影响企业目标实现的潜在事件，在企业风险偏好的指导下管理风险，为企业目标的实现提供合理的保证。

由此可见，企业建立全面风险管理体系的总体目标就是为企业实现其经营目标提供合理的保证，也就是为了保证企业经营目标的实现，将企业的风险控制在由企业战略决定的范围之内。换句话说就是全面风险管理可以帮助所有的企业，不管其大小或目标是什么，全面系统地辨识、衡量、排序并处理所面临的可导致其偏离企业目标的风险。

同时，企业建立全面风险管理体系还可以确保企业遵守有关法律法规，确保企业内外部尤其是企业与股东之间实现真实、可靠的信息沟通，保障企业经营管理的有效性，提高经营效率，保护企业不至于因灾害性事件或人为失误而遭受重大损失。

(一)全面风险管理体系

全面风险管理体系由风险战略、风险管理职能、综合内控、风险理财及风险管理信息系统五个模块组成。

风险战略是指导企业风险管理活动的指导方针和行动纲领，是针对企业面临的主要风险设计的一整套风险处理方案。

风险管理职能是风险管理的具体实施者，通过合理的组织结构设计和职能安排，可以有效管理和控制企业风险。

综合内控作为全面风险管理体系的一部分，是通过针对企业的各个主要业务流程设计和实施一系列政策、制度、规章和措施，对影响业务流程目标实现的各种风险进行管理和控制。

风险理财是指企业运用金融手段来管理、转移风险的一整套措施、政策和方法。

风险管理信息系统是传输企业风险和风险管理状况的信息系统，其包括企业信息和运营数据的存储、分析、模型、传送及内部报告和外部的披露系统。

（二）风险战略

如同企业战略是指导企业运作的总纲领一样，风险战略是指导企业风险管理活动的指导方针和行动纲领，企业的风险管理活动将围绕风险战略展开。

风险战略是指企业进行风险管理的总体策略，企业根据自身条件和外部环境，围绕企业发展战略，确定企业的风险偏好或风险承受度以及风险管理有效性的标准，然后选择风险承担、风险规避、风险转移、风险转换、风险分散、风险补偿、风险控制等适合的风险管理工具，并确定风险管理所需人力和财力资源配置的原则。

风险战略首先需要确定量化风险时所使用的量化模型，制定企业的风险度量标准。统一的风险度量标准使得企业可衡量不同业务之间风险的大小，确定企业应当着重管理哪些风险，并明确风险管理资源的分配基准。

企业制定风险战略，在充分考虑企业风险承受度的基础上，还要选择各种手段以进行风险应对。例如如果某项业务所含固有风险超过企业风险承受度，则在风险战略的指导下，企业可以逐渐退出该项业务。又比如如果原材料价格上涨的风险是目前企业面临的重大风险，则需要采取一定的补偿措施，调整人力、财力以降低运营费用，使产品价格保持稳定。

（三）风险管理职能

风险管理组织体系由四个方面的组织以及各组织的职责构成，主要包括由董事会、监事会、高级管理层组成的规范企业法人治理结构的企业决策层，独立的风险管理职能部门，内部审计部门以及其他相关业务单位和职能部门的组织机构。

法人治理结构是全面风险管理体系组织职能方面的基础，董事会需要能够在重大决策、重大风险管理等方面做出独立于经理层的判断和选择，并要能够批准风险管理策略和重大风险管理解决方案。

企业层面独立的风险管理组织是应对复杂的、具有相关性以及涉及多部门风险的管理部门，该部门从企业整体进行集中管理，统一分配风险资源，保证目标实现。企业层面的风险管理组织常常由企业高层经理直接领导，主要职责是制定企业风险管理战略、培育风险文化、设计风险模型、建立风险管理信息系统、撰写企业风险管理报告和对内对外进行风险沟通。特别是对一个业务多元化、跨地域经营的企业而言，有一个职责明确、独立运行的风险管理部门统一管理企业的风险是非常必要的。

具体风险的管理则由相关部门的风险管理职能承担，并接受风险管理职能部门和内部审计部门的组织、协调、指导和监督。需要注意的是，具体部门的风险管理职能不一定是严格意义上的组织，可以是具有明确风险管理职责的具体岗位和人。

特别的，内部审计部门在风险管理方面，需要负责研究提出全面风险管理监督评价体系，制定监督评价相关制度，开展监督与评价，并出具监督评价审计报告。

不同部门的不同岗位形成了企业的风险管理职能体系。目前，众多国外企业在董事会建立了风险管理委员会，负责指导和监督企业风险管理的实施，在管理层设置 CRO（首席风险官）来具体负责企业的风险管理，同时成立风险管理部门，评估企业的风险并负责制定风险管理解决方案。

(四)综合内控系统

内部控制系统指围绕风险管理策略目标,针对企业的战略、规划、投资、市场运营、财务、内部审计、法律事务、人力资源、物资采购、加工制造、销售、物流、质量、安全生产、环境保护等各项业务管理和其中的重要业务流程,通过执行风险管理基本流程,制定并执行的一系列的规章制度、程序和措施。

综合内控系统是风险管理的基础,它既能对不适于转移的风险进行有效控制并减轻其影响,而且也能为制定风险战略提供风险信息。

内控系统包括保证风险得到有效控制的一系列政策和程序,完整的内部控制体系和完善的内部控制制度是约束、规范企业管理行为的准则,是减少风险的重大措施。

有效的内控可以保证明确授权,对风险做到提前预防、适时管理和及时反馈,能保证管理行为的效率和效果,保证信息的准确性。

内部控制活动是风险管理的关键环节之一,是风险管理实际操作的核心,内控体现的完整性、准确性和有效性直接决定具体风险管理的效果。

(五)风险理财

企业风险理财,简单来说,就是企业用金融手段来管理风险,其核心是为风险进行估值,并进行风险的交易。

在全面风险管理框架中,风险管理的手段一般有风险自留、风险规避、风险控制和风险转移。其中,风险规避、风险控制手段可以改变风险可能性或损失程度,而风险自留、风险转移属于金融手段,是风险理财的基本策略。它们的特点是并不改变风险本身,既不改变风险的可能性,也不改变可能的损失程度,而是为风险进行融资。因此,从风险理财角度来看,企业的风险大致可分为两大类,即留存的风险和转移的风险。也就是说,企业风险等于留存的风险加上转移的风险。企业风险理财决策,就是在风险全部留存与风险全部转移之间寻找一个使企业风险最优化的平衡点。

风险理财的手段有很多种,例如期货、期权、保险、金融衍生工具组合等。最常用的保险就是将企业不易于控制或者是控制成本过高的人身安全风险等转移给社会专业机构来担负。

(六)风险管理信息系统

企业应当将信息技术应用于风险管理的各项工作,建立涵盖风险管理基本流程和内部控制系统的各个环节的风险管理信息系统,包括信息的采集、存储、加工、分析、测试、传递、报告、披露等各项功能。

风险管理信息系统为风险管理的全过程提供及时、准确的信息。环境的多变、决策的日益复杂、机会的稍纵即逝都要求提供及时、有效、准确的信息,风险管理信息系统是提高风险管理效率及可靠性的重要保障,为企业各部门之间的风险沟通架设桥梁。

风险管理信息系统为量化风险提供计算服务,并且可根据管理层的要求就某一事件进行情境分析。此外,有关风险管理的数据库也保存在系统之内。

风险管理信息系统也是风险控制和企业风险管理战略的载体。以信息技术为基础的信息系统使一些适于自动化的管理流程必须通过系统才能加以实现,避免了人为错误,增强了控制程度,并提高了管理效率。

信息系统的建立是对所有体系建设和运行的综合,是公司风险管理的集中体现。

风险管理体系的主要内容可以说是企业进行风险管理的硬件设施,是实施风险管理的基础。企业只有建立健全了全面风险管理的框架结构,风险管理工作才能够有效的、顺利的运转。

第二节　精益化管理理论

精益化管理理论起源于"精益生产方式",精益生产方式是一个以减少浪费为特色的多品种、小批量、高质量和低消耗的生产系统——丰田生产方式。这种生产方式被美国学者研究后称为"精益生产方式",并在全球广泛传播和应用。这种生产方式与传统的生产方式相比,是对传统工业生产方式的巨大变革,它是在精益管理思想的指导下,以"准时制 JIT"和"自动化"为支柱,以"标准化""平顺化""改善"为依托,借助"5S""看板"等工具形成的一套生产管理模式。

精益管理由最初的在生产系统中管理实践的成功,已经逐步延伸到企业的各项管理业务,也由最初的具体业务管理方法,上升为战略管理理念。它能够通过提高用户满意度、降低成本、提高质量、加快流程速度和改善资本投入,使股东价值实现最大化。

精益管理就是管理要:

(1)"精"——少投入、少消耗资源、少花时间,尤其是要减少不可再生资源的投入和耗费,高质量;

(2)"益"——多产出经济效益,实现企业升级的目标。

一、精益管理的内涵

精益管理要求企业的各项活动都必须运用"精益思维"。"精益思维"的核心就是以最小资源投入,包括人力、设备、资金、材料、时间和空间,创造出尽可能多的价值,为用户提供新产品和及时的服务。

精益管理的目标可以概括为企业在为用户提供满意的产品与服务的同时,把浪费降到最低程度。

二、精益管理的思想和原则

什么是精益管理?精益企业到底是怎样的面貌呢?詹姆斯·沃麦克(James Womack)和丹尼尔·琼斯(Daniel Jones)在他们精辟的著作《精益思想》中提炼出精益管理五原则,用户确定价值(Customer value)、识别价值流(Value stream mapping)、价值流动(Value flow)、需求拉动(Pulling)、尽善尽美(Perfection)。精益管理的核心思想可概括为消除浪费、创造价值。

精益管理是精益生产理论的扩展,是精益思想在企业各层面的深入应用,精益管理是以精益思想为指导、以持续追求浪费最小和价值最大的生产方式和工作方式为目标的管理模式。

（1）用户确定价值。用户确定价值就是以客户的观点来确定企业从设计到生产到交付的全部过程，实现客户需求的最大满足。以客户的观点确定价值还必须将生产的全过程的多余消耗减至最少，不将额外的花销转嫁给用户。精益价值观将商家和客户的利益统一起来，而不是过去那种对立的观点。用以客户为中心的价值观来审视企业的产品设计、制造过程、服务项目就会发现太多的浪费，从不满足客户需求到过分的功能和多余的非增值消耗。

（2）识别价值流。价值流是指从原材料转变为成品，并给它赋予价值的全部活动。精益思想识别价值流的含义是在价值流中找到哪些是真正增值的活动、哪些是可以立即去掉的不增值活动。精益思想将所有业务过程中消耗了资源而不增值的活动叫作浪费。识别价值流就是发现浪费和消灭浪费。价值流分析成为实施精益思想最重要的工具。价值流并不是从自己企业的内部开始的，多数价值流都向前延伸到供应商，向后延长到向客户交付的活动。按照最终用户的观点，全面考察价值流，寻求全过程的整体最佳，特别是推敲部门之间交接的过程，往往存在着更多的浪费。

（3）价值流动。精益思想要求创造价值的各个活动（步骤）流动起来，强调的是不间断地“流动”。精益将所有的停滞作为企业的浪费，号召用持续改进、JIT、单件流等方法在任何批量生产条件下创造价值的连续流动。环境、设备的完好性是流动的保证。5S、TPM 全员生产保全都是价值流动的前提条件之一。有正确规模的人力和设备能力，避免瓶颈造成的阻塞。

（4）需求拉动。“拉动”就是按客户的需求投入和产出，使用户精确的在他们需要的时间得到需要的东西。拉动原则更深远的意义在于企业具备了当用户一旦需要，就能立即进行设计、计划和制造出用户真正需要的产品的能力，最后实现抛开预测，直接按用户的实际需要进行生产。

（5）尽善尽美。奇迹的出现是上述 4 个原则相互作用的结果。改进的结果必然是价值流动速度显著的加快。这样就必须不断地用价值流分析方法找出更隐藏的浪费，并作进一步的改进。这样的良性循环成为趋于尽善尽美的过程。近来，Womack 又反复地阐述了精益制造的目标是：“通过尽善尽美的价值创造过程（包括设计、制造和对产品或服务整个生命周期的支持）为用户提供尽善尽美的价值。”“尽善尽美”是永远达不到的，但持续地对尽善尽美的追求，将造就一个永远充满活力、不断进步的企业。

三、精细化与精益化的比较

国家电网公司在 2008 年工作会议上的报告中将“两个转变”战略中的“四化”表述为“着力推进集团化运作、集约化发展、精益化管理、标准化建设”。而此前表述为“着力推进集团化运作、集约化发展、精细化管理、标准化建设”。报告中对精细化与精益化的关系这样阐述：“精益化管理是对精细化管理的提升，更加注重结果和成效。”华安盛道认为，精益化不是简单地对精细化升级，而是让管理改进有了战略方向，有了指导思想和灵魂，并有经实践验证过的系统方法和工具。

实施精益化管理对工业企业和服务型企业都很有必要，它是在精细化管理基础之上，追求规范化、程序化和数据化管理，落实效益中心的一种管理新境界。

实施精益化管理，切不可简单照搬其他企业或国外成功企业实施精益化的具体做法，不同行业企业推行精益化管理，必须结合自身行业实际和企业实际，对精益管理深入研究、实践，形成一套系统的更加适合行业和企业发展的精益管理方法。

四、企业进行精益管理思路

工业企业精益管理的主旨是消除浪费、创造价值，提高客户满意度和企业效益。精益管理实质就是提高效益，根本意义上就是指以最优的品质、最低的成本实现企业经济效益与社会效益的最大化。

确定精益化管理的重点和思路后，就要考虑如何推动实施问题。应着重从以下几方面入手实施精益管理。

(1)提高管理者认识。各级管理者的重视与责任是推进精益化管理的关键，只有领导者高度重视精益化管理，深刻理解精益化管理内涵，明确管理责任、以身作则，坚持“消除浪费、提高效率”理念，采取有效措施保障企业管理遵循精益化思路开展工作，精益化管理工作才能稳步推进。

(2)调动员工积极性。基层员工是各项管理工作运转的具体执行者，对管理工作存在的薄弱节点有着深刻的切身实践，广大员工的积极参与是精益管理能否取得实效的重要因素。

(3)找准精益化切入点。实施精益化管理是渐进的过程，以消除工作流程中的浪费为例，首先需要系统梳理管理中存在的问题，识别各种浪费；其次要围绕资源浪费、管理不畅的流程节点进行系统分析，制订整改措施；最后要明确责任人，确定阶段性工作目标，落实整改。

(4)不断改善。消除浪费、不断改善是精益化管理的核心思想。

(5)企业精益化与标准化要并重。企业推行精益管理过程中，要重视标准化工作，使二者互相促进，以提高管理体系运转效能。

五、供电企业精益化管理

国家电网公司提出：着力推进集团化运作、集约化发展、精益化管理、标准化建设。这充分表明了国家电网公司在建设“一强三优”现代公司上的全新思路和高瞻远瞩的战略决策，也指明了电网企业科学发展的方向和最终选择。

精益管理的核心理念是“杜绝一切耗费了资源而不创造价值的活动，以最优的企业运行成本和生产成本创造最佳效益”。这里的效益不只是经济效益，更包括社会效益；不只是眼前利益，更包括长远利益。推行精益化管理对于供电企业来说，具有更加重要的意义，为供电企业全面履行社会责任，更好地服务广大客户，实现国有资产的增值提供了基础和保障。在国家电网公司实施“四化”建设的今天，供电企业要想实现科学发展就一定要提高管理水平，提升精益化程度，在观念上、体制上、人力资源分配上都要有所改变。

(一)转变思想观念是供电企业精益化管理的基础

推行精益管理能否收到理想效果，取决于广大干部员工思想解放和观念转变的程度，这其中领导干部的思想观念到不到位是直接决定企业能否实现精益化管理的关键因素。

要采取各种有效的方式，引导干部员工转变思想观念，深刻理解推行精益管理的重要性、必要性、迫切性。要让员工充分认识到，推行精益管理涉及企业方方面面的工作，包含企业所有的流程和专业，每一个岗位和战线在企业精益化管理中都占据了一定的位置。近年来，供电企业一直努力倡导开放式的工作理念，加大奖惩力度，充分鼓励主动思维和改革创新，在一定程度上提高了全局干部员工正确应对改革的思想观念，增强了新形势下做好各项工作的信心和能力，企业管理水平和各项工作取得了大跨步的进展。

（二）制定长远发展规划是供电企业精益化管理的前提

明确发展方向，研究和制定企业发展战略，是为了让广大员工对企业的现状，尤其是对企业未来的发展方向和发展目标有明确的认识，更加坚定对企业发展的信心。

在对内外部环境进行认真分析的基础上，滚动编制三年发展规划，在企业发展规划中，明确精益化管理的重要意义和不可动摇性。较好地统一员工对企业发展方向、目标任务等重要问题的认识，解决"为什么""做什么""怎样做"的问题。指导各单位制定相应的子规划和实施计划，对企业发展规划进行任务分解，确保战略规划层层落实。通过统一制定并实施战略规划，有效统一企业上下的思想和行动，做到上下目标一致、行动统一。

（三）实行标准化建设是供电企业精益化管理的重要手段

精益化管理强调的是规范管理、程序管理，也就是科学管理。要做到这一点，离不开标准化管理。只有各项规章制度和管理标准统一了，企业才有可能实现精益化管理。

本着"制度管人、流程管事、文化治企"的管理思路，从电网建设入手，不断深化各项业务的标准化建设。建立健全各项管理标准，实施用人机制、收入分配机制等管理机制的改革，重新搭建新的营销体系，以标准化建设为切入点，真正建立起操作有标准、执行有规范、管理有成效的管理体系，使精益化管理的实质即效率与效益成为企业管理的核心与本质。

（四）全面整合资源是供电企业精益化管理的必要途径

传统的电网企业，人力、财务、物资等资源分散，特别是人财物等重要资源管理粗放，利用效率不高是客观事实，加大资源整合力度，对重要资源进行统一配置和管理是当前国家电网公司的中心工作，也是供电企业必须坚定不移贯彻执行的政治任务。

通过加强人力资源管理，优化人力资源结构，大力推行全员教育培训和全员绩效考核，对人力资源进行统一配置，解决激励和约束机制不健全等突出问题。通过加强预算管理，严格控制成本支出，开展资产清查和专项检查，提高资金利用率。开展科技创新和专业技术带头人活动，完善科技奖励办法，集中资金和力量，开展科技攻关。加快信息化工程建设，在推进 ERP 项目的同时，积极做好系统的维护运行管理和人员培训工作，促进 ERP 系统早日达到实用化标准，实现数据的集成共享，为实现人财物集约化管理奠定坚实基础。

实行精益化管理不仅可以增强供电企业整体管控能力，达到政令畅通、协调有力，而且可以使企业资源得到有效使用，降低企业经营风险，企业核心竞争能力明显增强。

六、供电电压精益化管理

大型供电企业与传统的生产制造型企业存在很大的不同点，供电企业中各个业务环节和专业方向往往具有非常强的专业性。所以，通常情况下，供电企业的精益化管理可以分解为在总的精益化管控体系下的精益化管理程序。

对于供电电压管理，供电企业也需要遵照精益化管理的思想和原则，从专业实际特点出发，在保障供电电压管理工作高效性的同时，还要保证契合企业整体的精益化管控需求，利用企业总体的精益化管控体系保障供电电压精益化管理工作的有效推进。同时，供电电压精益化管理工作作为企业总体精益化管控体系的有机组成，也促进企业中的精益化管理工作的迭代和完善。

第三节　供电电压精益化管控体系探索

本节以某省级供电公司为研究对象，从组织架构、管理流程、指标体系、分级管控办法、统计分析管理、闭环管控几个角度探索供电电压精益化管控体系。

一、供电电压管理的组织架构

从全面风险管理和精益化管理理论可知，高效的精益化管理体系必须包含企业全员的参与，需要企业全员在整个管理体系中起到各自适当的作用，这就需要一个紧密合理的组织架构，保证各专业部门在管理体系中同步高效运行。

（一）组织架构基本原则

健全科学的供电电压管理组织架构，必须保证方向一致、分工明确、职责清晰和流程科学。

方向一致是指有统一的工作目标、统一的领导，工作过程中执行统一调度，在充分发挥各专业部门管理职能的同时，保有极强的执行力。

分工明确是指组织架构的设置要确保管理层次清晰，且各管理层次之间界面明显。

职责清晰是指进行供电电压管理时，各个部门的分工明确，执行归口部门牵头管理，各专业协同合作的组织方式。

流程科学是指建立科学、完善的管理流程，保证政令通畅，确保各级部门履职到位，各相关专业、部门、岗位尽职尽责。

（二）组织人员设置

1. 供电电压管理领导小组

供电电压管理领导小组是独立于常规专业部门设置体系的机构，负责供电电压管理工作的领导组织工作。供电企业第一负责人作组长，有关分管副职作副组长，各有关部门负责人为成员，负责企业供电电压管理的决策工作并领导各部门、专业协同推进。

2. 供电电压管理归口部门

供电电压管理归口部门是供电电压管理的责任部门和执行部门，通常为供电企业的运行检修部门，即运检部或设备部。供电电压管理归口部门负责组织供电企业的供电电压管理工作，制定相关的管理制度，建立相关的指标体系，进行指标分解、指标统计、指标分析工作。

3. 监督和考核部门

监督和考核部门是供电电压管理的关键之一，监督和考核工作通常为企业管理部门和人力资源部门。其中，监督部门负责组织对供电电压管理的监督并提出考核意见，考核部门负责根据监督部门提出的意见开展奖励和考核工作。

4. 专业管理部门

专业管理部门主要是与供电电压管理相关的技术部门，负责从本专业角度出发配合归口管理部门开展供电电压管理工作,应设置专(兼)职供电电压管理人员。

5. 变电管理所、客户服务中心、区供电部门及县级供电企业

设置专职供电电压管理人员,配合相关部门做好本单位的电压质量工作。

(三)供电电压管理组织架构

供电电压管理组织体系涉及供电企业调度、生产设备、规划基建和营销等专业和部门。按职责和职能来划分可以分为三大层级,包括决策层、管理层(这里按监督、归口管理和专业管理又分为两个层级)和执行层,具体如图 5-2 所示。

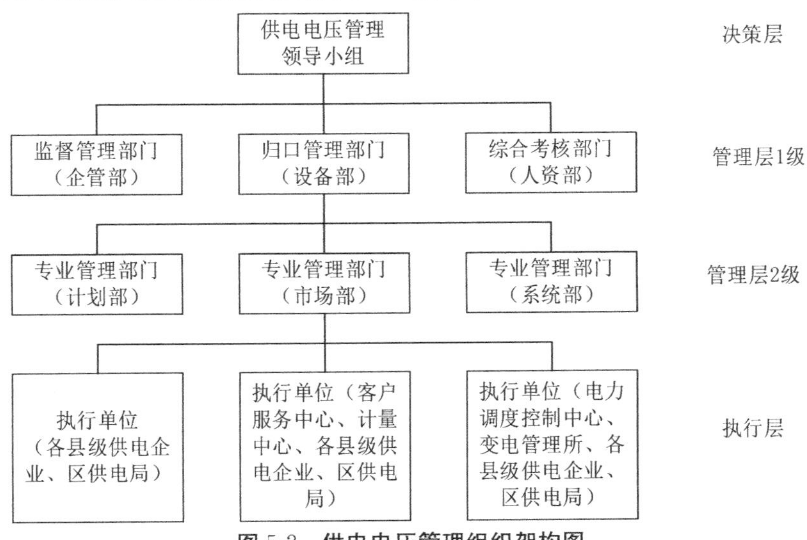

图 5-2　供电电压管理组织架构图

决策层作为供电企业供电电压管理的指挥部,由供电企业总负责人任组长,分管生产、市场营销、规划基建工作的负责人分别担任副组长,成员由分管生产和市场营销的副总工及企业管理部门、生产设备管理部门、调度控制中心、市场营销部门、计划发展部门的负责人组成。

管理层(1 级)由监督、考核部门和归口管理部门组成,负责供电电压管理工作策划、执行情况监督、评价和考核工作,确保供电电压管理按企业既定目标前进。

管理层(2 级)由各专业管理部门组成,由归口管理部门组织、协调各专业部门开展供电电压管理目标分解、措施制定等工作,确保各专业相互补充、相互配合。

执行层由电力调度控制中心、变电管理所、客户服务中心、计量中心、区供电部门及县级供电企业组成,负责根据各专业部门要求开展工作,确保完成各项具体措施,实现战略落地。

二、供电电压管理工作流程

(一)供电电压管理工作总流程

供电电压管理工作总流程,是在供电电压管理组织架构下,制定一个总的工作方针,即总的管理流程,具体如图 5-3 所示。

(1)由供电电压管理领导小组下达总体目标和措施计划。研究并审核归口管理部门(生产设备管理部)编制的电压质量年度提升目标、过程管控指标及措施计划是否满足企业战略

实施要求，并批准其下达实施。由领导小组组长或分管生产副组长负责在每季度第一个月组织召开供电电压管理工作例会，对上季度指标完成情况、措施计划推进情况进行跟踪，协调各专业部门提出的问题。

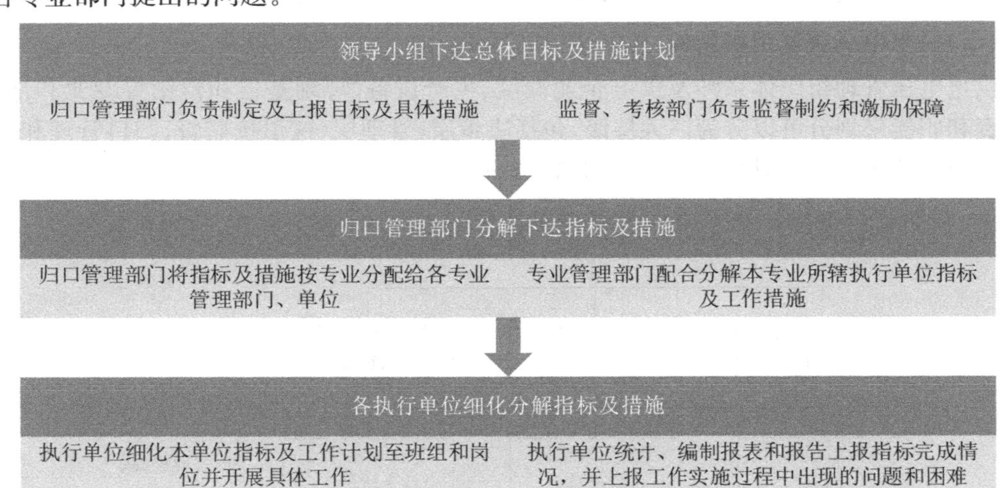

图 5-3　供电电压管理总流程图

(2)由归口管理部门分解下达指标和措施。根据有关基层单位完成的指标情况、电网及设备改造计划、潮流计算软件计算情况进行统计分析，于每年年初向供电电压管理领导小组提出年度目标指标、过程管控指标及措施计划。每月上旬组织召开一次供电电压管理分析会，对月度指标完成情况进行统计分析，并跟踪指标完成情况、措施完成进度，协调各单位存在的问题。组织开展电压质量指标波动较大的变电站、用户及台区开展现场检查和问题分析，研究制定技术措施和管理措施。

(3)各单位细化指标和措施并具体执行。电力调度控制中心、变电管理所、客户服务中心、计量中心、区供电部门及县级供电企业按各专业下达的措施计划推进实施，并每月统计分析指标完成情况，查找问题，提出整改意见并执行。监督、考核部门(企管部、人资部)负责根据指标完成情况和重点工作完成进度对相关部门、基层单位和个人按月度、季度和年度周期，依据绩效考核管理办法开展评价及考核。

(二)指标及措施管控流程

各部门根据各自承担的指标要求，在年末制定下年度电压合格率管理措施，报归口管理部门汇总，由归口管理部门整理、分析后制定全局电压合格率指标目标和提升措施，并报领导小组审核通过后下发实施。

指标及措施管控流程如图 5-4 所示。指标和措施管控流程实施的关键在于每个环节的畅通流转，在整个流程实施过程中，归口部门起到管理协调的作用。在实际的工作过程中，出现指标预测偏差较大或由于不可控因素(如上级物资采购时间延长)导致具体措施执行困难，措施执行单位及时向归口管理部门汇报，由归口管理部门负责协调处理和指标调整，确保年度目标顺利实现。

(三)变电电压管控流程

调度控制中心、电力调度控制中心、变电管理所和县级供电企业负责所辖变电站的各电压等级母线供电电压管理，负责所属变电站调压装置及无功补偿设备调控，保证电网电压和A类供电电压处于合理、合格范围之内。变电电压管控流程如图5-5所示。

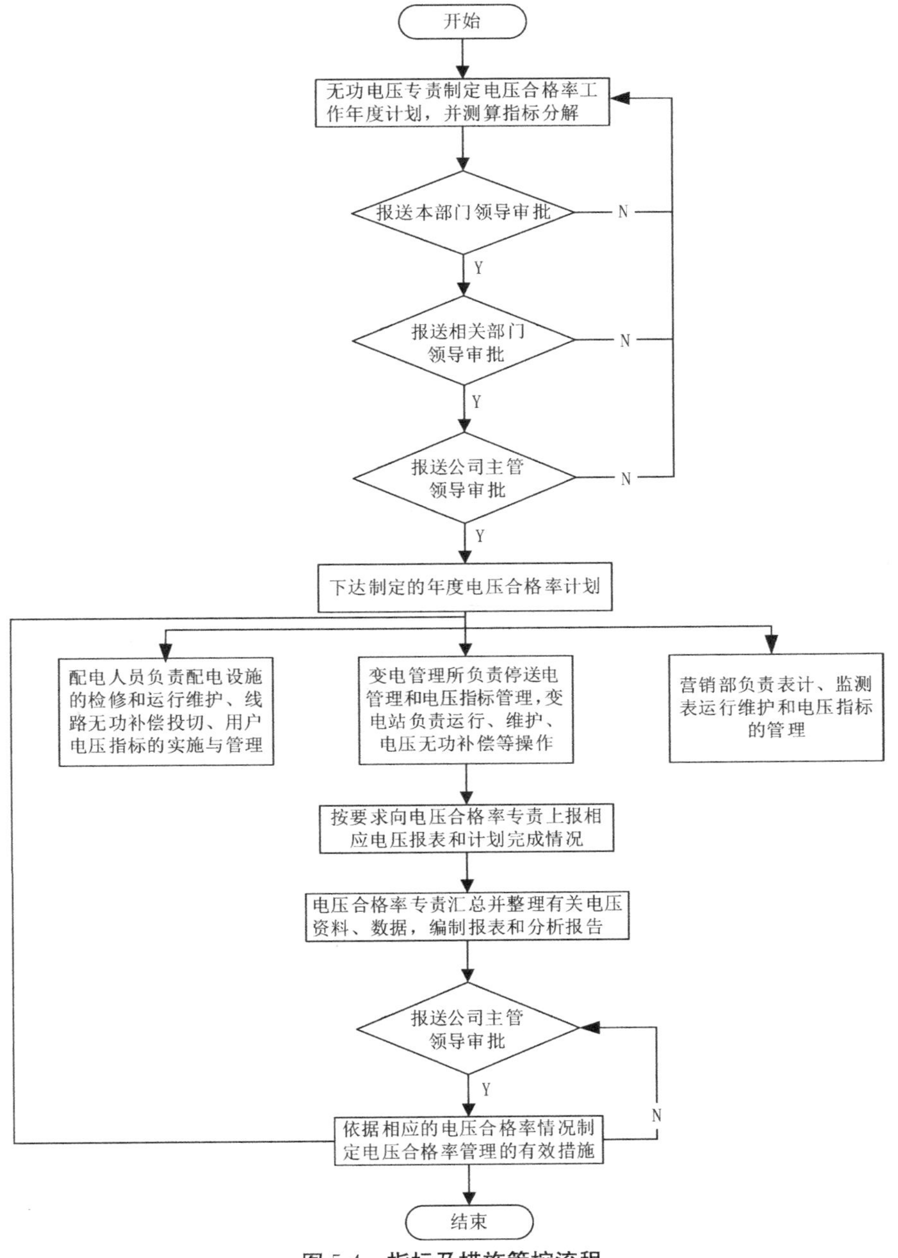

图5-4　指标及措施管控流程

变电站负责有载调压开关和无功补偿设备的日常维护管理，当设备操作次数达到规定次数时，要及时进行检修维护，按规定加强设备的定期巡视检查，发现问题及时解决，确保设备可靠运行；负责电压监测装置的校验、检修维护、运行人员应掌握电压监测装置的正确操作方法，并加强对电压监测装置运力状况的巡视检查，及时消除缺陷，提高监测的准确性。

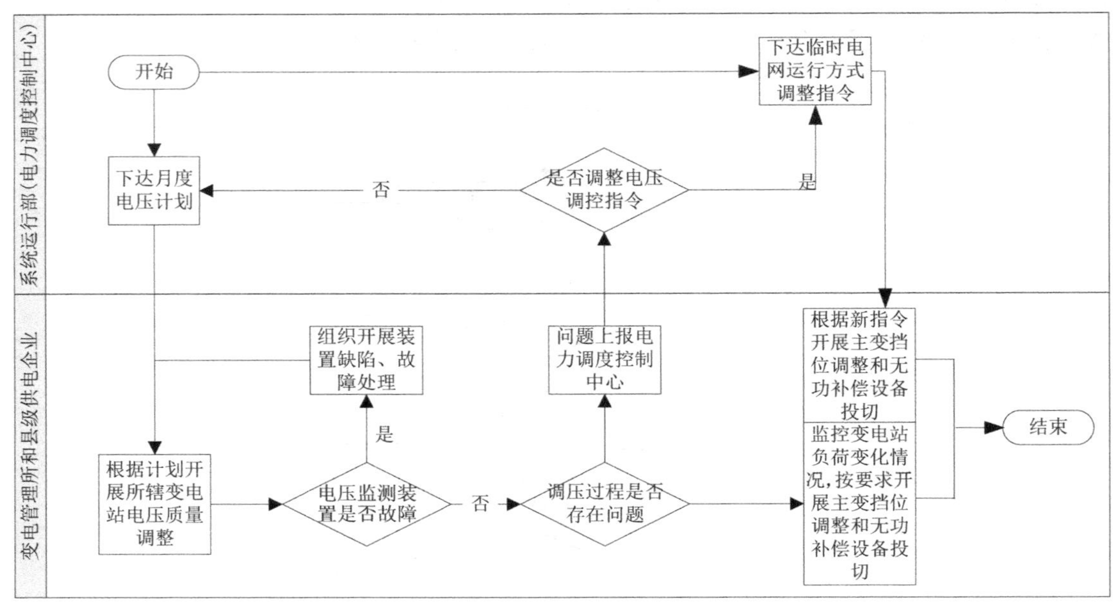

图 5-5　变电电压管控流程图

(四)客户电压质量管控流程

对客户电压质量的管控工作在供电电压精益化管理工作体系中至关重要,对于客户的电压质量管控工作是管理过程和服务过程的有机结合。一方面,要做好客户服务,保证客户接入点的供电电压质量;另一方面,要对用户的功率因数和谐波设备进行管理和考核。在客户电压质量管理过程中,市场营销部、客户服务中心、计量中心、各区供电部门和县级供电企业都要参与进来,监督容量在 100 kV·A 及以上的用户配套安装必要的无功补偿设备,并按要求投切,确保该类用户功率因数达到以下标准:0.9≤高峰力率≤1;0.85≤低谷力率≤0.95;0.9≤平段力率≤0.98。客户电压质量管控流程如图 5-6 所示。

同时,收集并掌握规模以上用户用电情况,配合用户生产计划合理设置电压监测装置限值,减少因管理原因造成的电压越限情况。依据调度控制中心的电网运行调整通报,及时组织有关用户调整用电方式或切换用电电源,确保用户侧电压质量满足需求。

需要注意的是,客户电压质量管理的关键是“管服结合”,在优质服务的过程中,体现对电压质量的严格管理。

(五)低压配电网电压质量管控流程

低压配电网电压质量管控是整个供电电压精益化管理体系中最基础的环节,10 kV 及以下电压等级配电网供电电压管理,负责所属电网范围内配电变压器调压装置及无功补偿设备调控,保证 D 类电压合格率满足要求。在低压配电网电压质量管控过程中,计量中心、各区供电部门和县级供电企业是主要责任单位。低压配电网电压质量管控流程如图 5-7 所示。

区县级供电部门需要按计划开展配电网设备运行维护管理,关注无功补偿设备运行状况,及时发现并消除缺陷;通过自动化系统监测配电变压器运行状况,及时调整配变挡位,消除三相不平衡情况;根据用户反映或投诉开展低压配电网故障处理。

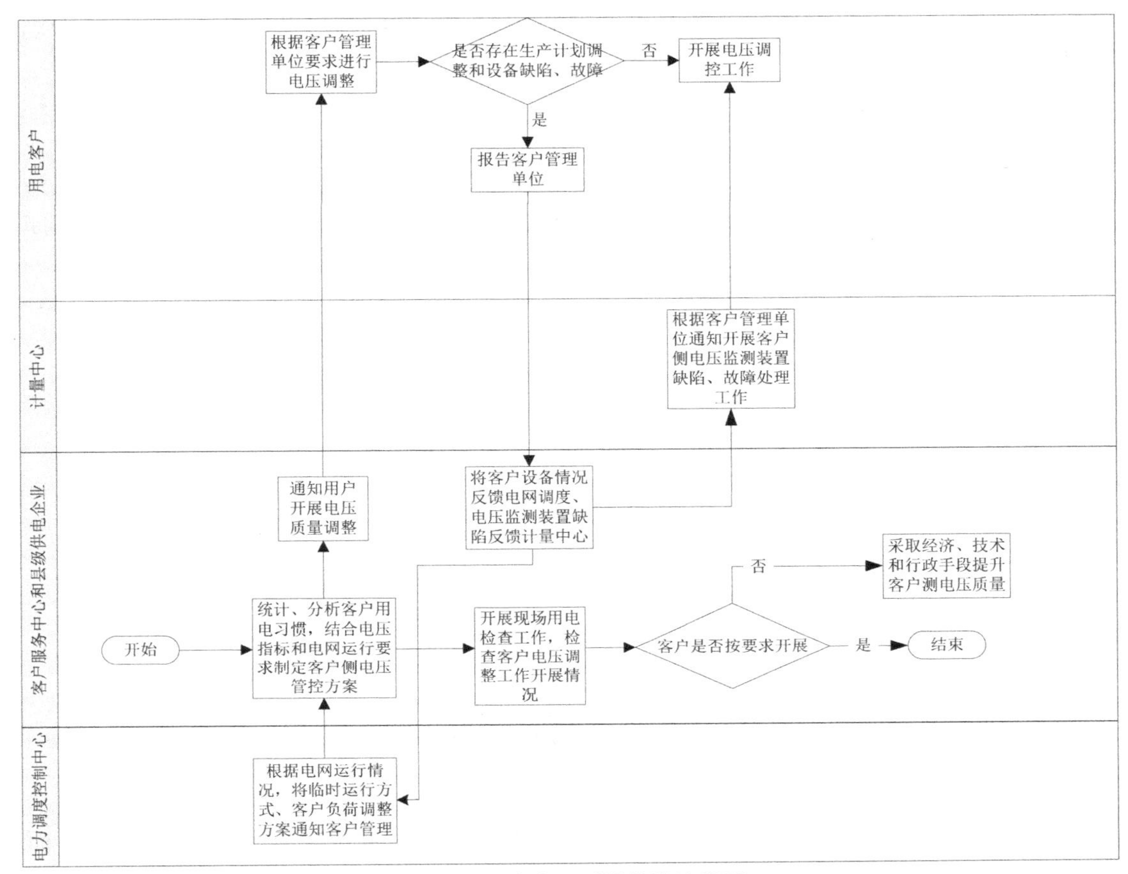

图 5-6　客户电压质量管控流程图

图 5-7　低压配电网电压质量管控流程图

三、供电电压管理指标体系

电压合格率指标和相关专业管理的过程控制指标构成了供电电压管理指标体系。电压合格率指标是指标体系中的核心和关键指标，也是其他指标的基础，在整个指标体系中的权重最大。电压合格率指标的实现必须依靠电网规划、调度运行、设备管理、变电运维和市场营销等所有专业方向的协调配合，需要各个专业采取技术手段，实现各自专业方向对应的供电电压管理指标体系中的专业管理指标。

网、省级公司下达的电压合格率指标是评价地市级供电企业工作绩效的重要考核指标之一，为确保指标的完成，地市级供电企业必须对所辖各单位的分区电压合格率指标和专业管理指标进行有效分解并严格考核，且通过对指标的管理工作，对供电电压管理指标体系进行适应性迭代，即供电电压管理指标体系的闭环迭代。图 5-8 为供电电压管理指标体系闭环迭代示意图。

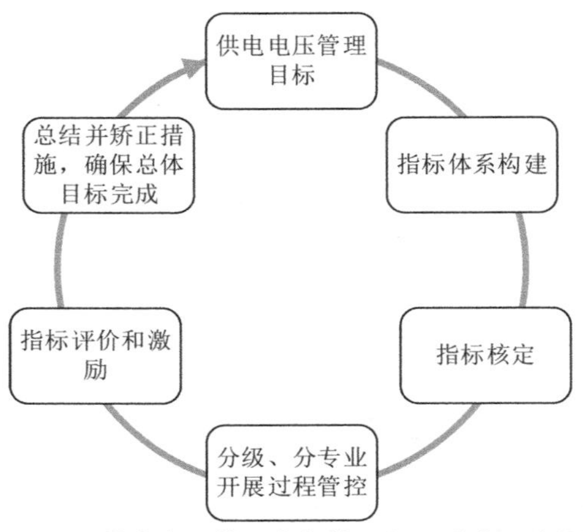

图 5-8　供电电压管理指标体系闭环迭代示意图

(一)指标体系的构成

前述章节中，对供电电压管理指标的介绍中，将指标分为考核性指标和评估类指标，而实际执行过程中，往往是将电压合格率以外的指标归类为专业管理指标，也称为过程性指标。电压合格率指标是结果性指标，专业管理指标则体现了相关部门、单位的具体工作质量，是对供电电压管理工作具体实施效果的管控，对以上指标的有效管理就能实现对电压质量的全过程管控。供电电压管理涉及大量基础工作，可用作管理考核的过程管理指标很多，但在实际管理考核运用中，应根据并结合各企业管理所处的阶段性特点，从科学、适用、实用和激励的角度出发来建立供电电压管理指标体系。企业可以依据管理现状和指标值获取难易程度进行具体的评价标准的选用。表 5-1 列出了适用于各级供电企业的供电电压管理指标体系。

表 5-1　供电电压管理指标体系

序号	指标名称	评价标准
一	电压合格率指标	
1	局综合电压合格率	计划指标
2	直供区 A 类供电电压合格率	计划指标
3	直供区 B 类供电电压合格率	计划指标
4	直供区 C 类供电电压合格率	计划指标
5	直供区 D 类供电电压合格率	计划指标
6	县级供电企业综合电压合格率	计划指标

续表

序号	指标名称	评价标准
二	电压质量过程管控指标	
1	110 kV 母线电压合格率	计划指标
2	35 kV 母线电压合格率	计划指标
3	无功补偿装置可用率	≥96%
4	功率因数	110 kV 及以上系统功率因数≥0.95 10 kV 馈线功率因数≥0.90 主变低压侧功率因数≥0.90 农网台区功率因数≥0.85 城区公变功率因数≥0.90 客户功率因数符合国家考核标准：(1)100 kV·A 及以上高压供电的客户在电网高峰时功率因数为 0.90 以上；其他电力客户和大、中型排灌站功率因数为 0.85 以上；农业用电功率因数为 0.80 以上
5	无功补偿装置缺陷处理及时率	≥95%
6	配变终端覆盖率	100%
7	配变终端缺陷处理及时率	≥95%
8	电压监测装置缺陷处理及时率	≥95%
9	电压监测装置现场检验率	100%
10	配变低压侧三相负荷不平衡率	不大于 15%

(二)供电电压指标核定与考核

供电电压管理指标体系为供电电压管理制定了目标，实际工作中，对于供电电压管理指标的核定需要根据部门的不同、区域的不同因地制宜地确定，同时还需要行之有效的考核体系，保证既定指标的顺利达成。

供电电压指标的核定要坚持先进性、激励性、公正性和科学性的原则。

所谓先进性，就是以创先目标为导向，分步完成为原则，在明确远期、中期指标的前提下细化短期目标值，实现自己不断进步，且逐步缩小与先进水平的差距。

所谓激励性，就是为各单位设置经过努力、实干能达到的目标值，确保在完成基本要求的基础上，实现“多劳多得”。

所谓公正性，就是实现统计数据公开、评价结果公开、评价标准和测算公式一致，对指标的调整必须有理有据。

所谓科学性，就是指标分配、下达科学合理，综合考虑有关影响电压合格率变动的固定因素和动态因素。

电压合格率指标的核定，通过采用供电企业以历史电压合格率统计值、影响电压合格率的技术及管理因素作为基础，综合应用“期望理论”“公平理论”和“强化理论”的方法，建立“双重激励”的指标管理模式。

电压合格率指标核定模型如图 5-9 所示。

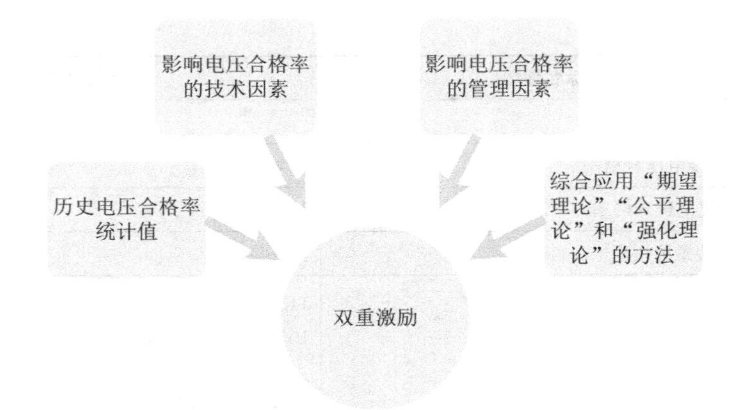

图 5-9　电压合格率指标核定模型

1. 供电电压管理指标核定和考核的目标

供电电压管理中相关部门和岗位上都应设置具体、合理的指标，以实现对其行为的激励和约束，达到企业效益与员工利益共同提升的双赢结果。

2. 双重激励指标核定和考核模式

“双重激励”指标核定和考核模式是将电压合格率指标的下达分为两个层次：第一个层次的指标称为基础指标，第二个层次的指标称为激励指标。两个层次的指标都需要运用公平原则的理论核定供电电压管理指标，即对于电压等级相同、电压质量环境、技术水平相近的监测点电压合格率指标应设置为相同或相近。

基础指标应设计为难度较低相对容易完成，其指标取值考虑为供电电压管理的平均水平，即正常情况下大多数指标责任单位按以往的管理方式即可完成并获得一定正强化激励，但若无法完成指标要求的一定比例则会面临较为严重的考核，达到负强化激励的效果。

激励指标的取值则应根据各单位实际，考虑以指标责任单位上阶段的管理水平为依据，并考虑一定指标提升难度因素进行设置，指标责任单位能完成则获得较高的额外奖励，未能达到则不能获得额外奖励，实现对指标责任单位较强的正强化激励。

通过构建基础指标和激励指标的管控体系，形成一个以分配的合理性、公平性为基础，付出与获得相匹配的正强化激励模式。在这个模式下，各指标责任单位和个人将把自身收益提升的期望建立在供电电压管理水平的不断提高上，可以促使企业获得供电电压管理水平和企业经济效益、社会效益得到可持续提高。不过“双重激励”指标模式的实施需要企业对自身工资总额调配有一定自主权，在员工个人工资总量不变的情况下，仅对其工资组成结构进行调整以期望达到较高的激励效果将非常困难。

供电电压管理“双重激励”模式如图 5-10 所示。

3. 供电电压指标的动态核定和动态考核

由于各类电压检测点的电压值是随系统运行方式及其潮流变化而变化的，电压合格率指标受网架结构、装备水平因素影响，也处于动态变化中，采用一成不变的指标来进行供电电压管理显然是不科学的。所以，供电电压管理工作中，应该采用动态方式核定电压合格率指标。

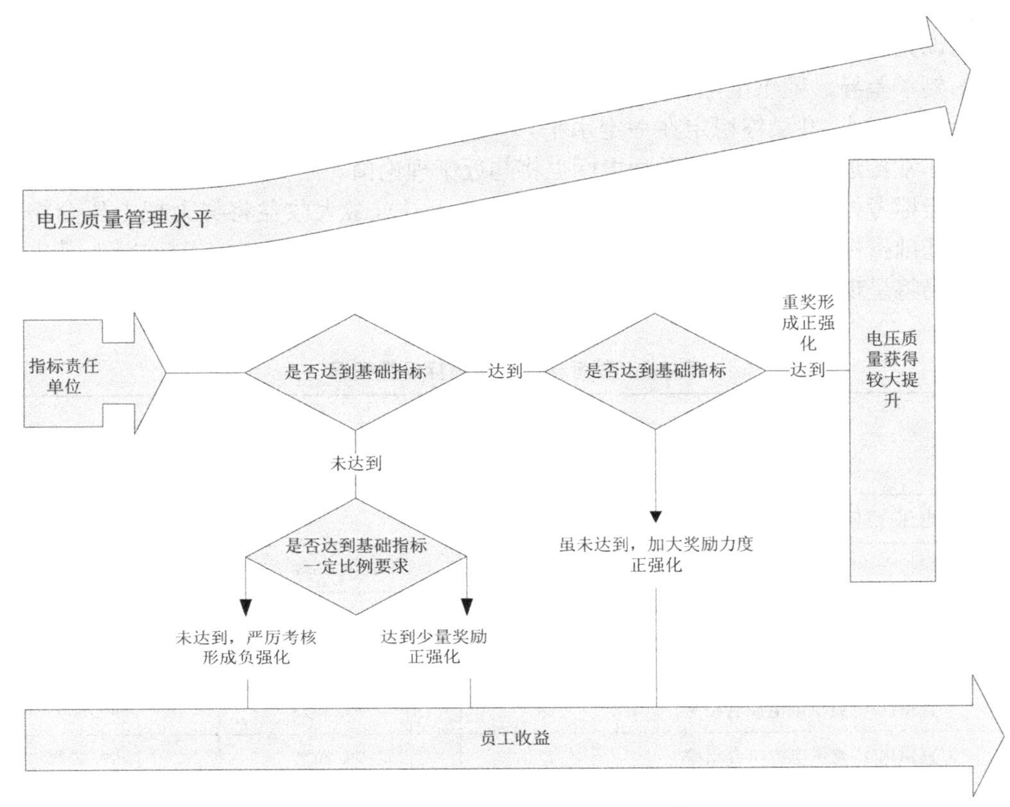

图 5-10　供电电压管理"双重激励"

实际工作中，我们可以结合项目计划按月测算各监测点的电压值区间，以剔除一切人为管理因素的理想模式核定其电压合格率水平，并以这个值作为电压合格率指标理论值。为了避免指标的频繁变化，在动态核定电压合格率指标的时候，以监测点的电压合格率区间值为参考，而不是以一个确定的数值为参考。

电压合格率指标的动态考核是指进入下一个考核期后可以根据实际情况重新进行电压合格率指标理论值测算来修正指标范围，为电压合格率指标理论值赋予新的约束条件。

在一个考核周期内，电压合格率指标理论值是仅考虑电网结构、设备水平和理论最高及最低负荷情况下的监测点电压合格率值，其剔除了上级电网潮流变化、客户用电需求引起的负荷波动、电网及设备故障、电网计划检修引起的运行方式调整和人工调压及时性等因素影响，可以近似认为是本次考核周期电压合格率的最优值。

基础指标是建立在上年度同考核周期电压合格率完成值基础上的一个提升值，这个提升水平要结合该测点历史电压合格率水平和人为管理影响比重来核定，即制定一个指标责任单位"跳起来就能够得到的指标"，其惩罚基准则是上年度电压合格率水平以下。

激励指标是由企业的战略目标来制定，根据实现战略目标的预期时限来核定各阶段指标水准，它是介于电压合格率指标理论值和基础指标之间的指标，在电网基础条件一定时，随供电电压管理水平不断提升。

在电网结构、设备水平及负荷变化确定的情况下，总存在指标理论值＞激励指标＞基础指标，并且随电网结构不断完善、设备水平不断提升，基础指标和激励指标将不断提升，在电网基础建设完成不再变化后，指标理论值将不再变化，其他两项指标与理论值之间仅存在管理水平的要求差异。随供电电压管理水平的提高，基础指标和激励指标及它们与理论值间的差值会越来越小，并最终稳定在一定水平，即当供电电压管理水平达到一定程度后，基础指标将会非常接近激励指标，而激励指标也将趋近于理论值。

通过指标考核周期的不断循环，指标责任单位为寻求最大收益将努力把电压合格率指标控制在基础指标和激励指标区间，或最低也要控制在惩罚基准与基础指标之间，其电压合格率指标仍将呈现稳步下降趋势。表 5-2 给出了某个考核周期基础指标和激励指标的设置情况。

表 5-2　某考核周期的指标设置情况

序号	指标名称	“双重激励”评价标准	
		基础指标	激励指标
一	电压合格率指标		
1	局综合电压合格率	≥99.65%	≥99.85%
2	直供区 A 类供电电压合格率	≥99.70%	≥99.90%
3	直供区 B 类供电电压合格率	≥99.50%	≥99.80%
4	直供区 C 类供电电压合格率	≥99.50%	≥99.80%
5	直供区 D 类供电电压合格率	≥99.20%	≥99.60%
6	县级供电企业综合电压合格率	≥97.00%	≥98.00%
二	电压质量过程管控指标		
1	110 kV 母线电压合格率	≥99.80%	≥100%
2	35 kV 母线电压合格率	≥99.50%	≥99.80%
3	无功补偿装置可用率	≥96.00%	≥100%
4	无功补偿装置缺陷处理及时率	≥95.00%	≥99.00%
5	配变终端缺陷处理及时率	≥95.00%	≥100%
6	电压监测装置缺陷处理及时率	≥95.00%	≥100%
7	配变低压侧三相负荷不平衡率	<15.00%	<10.00%

4. 供电电压指标的分类、分级管控

供电电压管理采取的是分类、分级管理的管理模式，各级之间通过信息流进行管理目标和管理结果的交换。图 5-11 为典型的供电电压管理和考核的信息流。实际供电电压管理工作中，这个信息流可能会随着专业部门和专业岗位设置的调整而动态调整。

表 5-3 列出了典型的供电电压指标的分类、分级管控情况。其中，针对不同的专业部门，提出了对应的考核指标、指标标准（表格中未列明具体数值）、控制部门、考核部门及对应的考核周期。

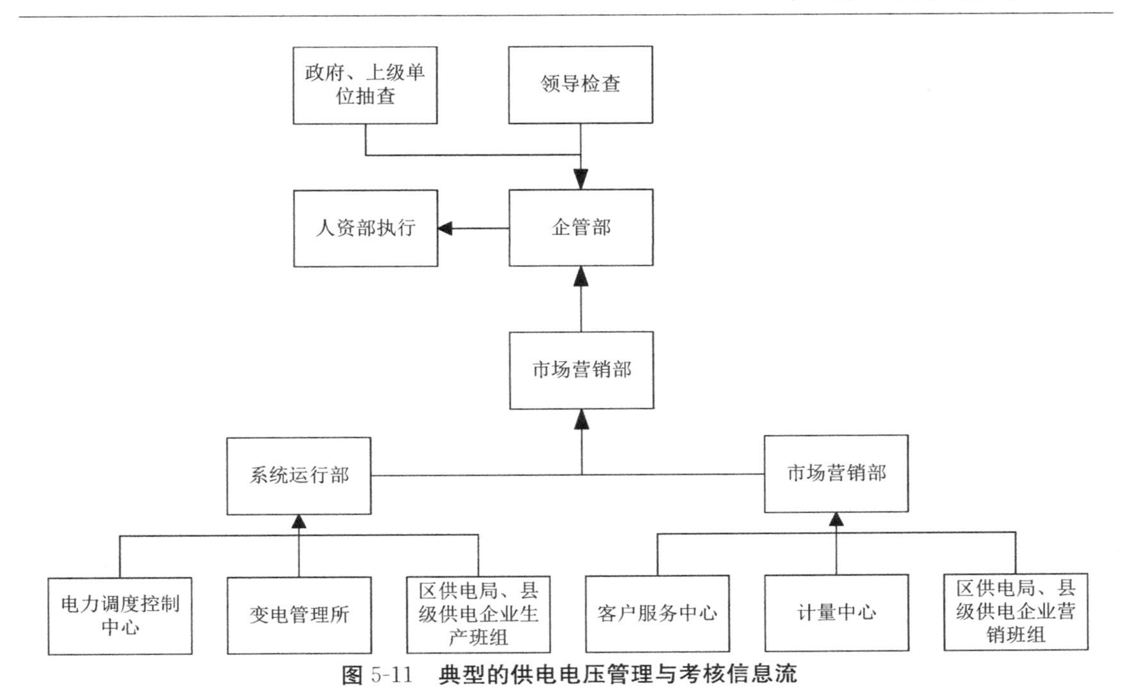

图 5-11　典型的供电电压管理与考核信息流

表 5-3　典型的供电电压指标分类、分级管控情况

序号	指标分类	指标标准	控制部门	考核部门	考核周期
一	生产设备管理部				
1	局综合电压合格率(%)	≥	生产设备管理部	企业管理部	季度、年度
2	无功补偿装置可用率（%）	≥	生产设备管理部	企业管理部	季度、年度
二	调度控制中心				
1	110 kV 母线电压合格率(%)	≥	调度控制中心	生产设备管理部	季度、年度
2	35 kV 母线电压合格率(%)	≥	调度控制中心	生产设备管理部	季度、年度
3	35 kV 及以上系统功率因数(%)	≥	调度控制中心	生产设备管理部	季度、年度
4	主变 10(6)kV 侧功率因数(%)	≥	调度控制中心	生产设备管理部	季度、年度
三	市场营销部				
1	直供区 B 类供电电压合格率(%)	≥	市场营销部	生产设备管理部	季度、年度
2	直供区 C 类供电电压合格率(%)	≥	市场营销部	生产设备管理部	季度、年度
3	客户功率因数（%）	≥	市场营销部	企业管理部	季度、年度
四	电科院				
1	电压监测装置现场检验率(%)	≥	电科院	生产设备管理部	季度、年度
2	电压监测装置缺陷处理及时率(%)	≥	电科院	生产设备管理部	季度、年度
五	变电管理所				
1	110 kV 母线电压合格率(%)	≥	变电管理所	生产设备管理部	季度、年度
2	35 kV 母线电压合格率(%)	≥	变电管理所	生产设备管理部	季度、年度
3	直供区 A 类供电电压合格率(%)	≥	变电管理所	生产设备管理部	季度、年度

续表

序号	指标分类	指标标准	控制部门	考核部门	考核周期
4	无功补偿装置可用率(%)	≥	变电管理所	生产设备管理部	季度、年度
5	无功补偿装置缺陷处理及时率(%)	≥	变电管理所	生产设备管理部	季度、年度
六	客户服务中心				
1	直供区B类供电电压合格率(%)	≥	客户服务中心	市场营销部	季度、年度
2	直供区C类供电电压合格率(%)	≥	客户服务中心	市场营销部	季度、年度
3	客户功率因数(%)	≥	客户服务中心	市场营销部	季度、年度
七	计量中心				
1	配变终端缺陷处理及时率(%)	≥	计量中心	市场营销部	季度、年度
2	配变终端覆盖率(%)	≥	计量中心	市场营销部	季度、年度
八	区供电部门				
1	直供区C类供电电压合格率(%)	≥	区供电部门	市场营销部	季度、年度
2	直供区D类供电电压合格率(%)	≥	区供电部门	市场营销部	季度、年度
3	无功补偿装置可用率(%)	≥	区供电部门	生产设备管理部	季度、年度
4	无功补偿装置缺陷处理及时率(%)	≥	区供电部门	生产设备管理部	季度、年度
5	配电变压器三相负荷不平衡率(%)	≥	区供电部门	生产设备管理部	季度、年度
6	农村公用配电台区功率因数(%)	≥	区供电部门	生产设备管理部	季度、年度
7	城区公用配变台区功率因数(%)	≥	区供电部门	生产设备管理部	季度、年度
8	10 (6) kV出线线功率因数(%)	≥	区供电部门	生产设备管理部	季度、年度
9	客户功率因数(%)	≥	区供电部门	市场营销部	季度、年度
九	县级供电企业				
1	县级供电企业综合电压合格率(%)	≥	县级供电企业	生产设备管理部	季度、年度
2	无功补偿装置可用率(%)	≥	县级供电企业	生产设备管理部	季度、年度
3	无功补偿装置缺陷处理及时率(%)	≥	县级供电企业	生产设备管理部	季度、年度
4	配电变压器三相负荷不平衡率(%)	≥	县级供电企业	生产设备管理部	季度、年度
5	农村公用配电台区功率因数(%)	≥	县级供电企业	生产设备管理部	季度、年度
6	城区公用配变台区功率因数(%)	≥	县级供电企业	生产设备管理部	季度、年度
7	客户功率因数(%)	≥	县级供电企业	市场营销部	季度、年度
8	10 (6)kV出线线功率因数(%)	≥	县级供电企业	生产设备管理部	季度、年度

四、供电电压管理指标的精确统计与分析

供电电压管理过程中重要数据信息收集与处理过程就是对电压合格率数据的统计、分析。正确、及时、科学地进行电压合格率的统计分析，可以及时发现供电电压管理中存在的不足，为下一阶段电压质量提升工作指明重点和方向，使其措施更具有针对性。另外，通过客观、准确的统计和分析，可以促进各部门、单位管理责任的有效落实，也为全面落实电压质量指标的公平、合理考核提供依据和基础。

(一)横向对比

供电电压管理过程中,电网架构、设备水平、运行方式、负荷分布与电压合格率水平的高低强相关。通过同类别电压监测点间电压合格率的比对分析,能有效查找这些相对稳定的因素的差异,并合理制定、采取处理措施。

(二)纵向关联

低电压等级的监测点电压问题并不一定是本电压等级架构、设备和负荷分布引起,也可能是上级电压非正常波动导致。因此,在进行低电压等级监测点电压质量分析时,根据系统电气连接关系,优先排查上级电源电压波动情况,对各不确定因素进行具体深入分析,更加有利于异常判定和措施制定。

(三)供电电压管理指标统计分析模式

通过对电压合格率数据统计、分析的研究,按电网设备的管辖范围划分开展统计与分析是较为合理的一种模式。该模式对供电电压管理的归口部门和主要责任部门调度运行部、市场营销部、变电管理所、区供电部门等应上报的报表、报告的主要分析内容、形式和上报时间做出了详细的规定,具体内容见表 5-4

表 5-4　供电电压管理指标统计与分析模式

责任单位	统计分析内容及形式	上报时间	报送单位
区供电部门	统计上报的报表 1. 电压合格率指标统计表; 2. 无功补偿设备可用率统计表	每月	生产设备管理部、市场营销部
区供电部门	一、统计上报的报表 1. 电压合格率指标统计表; 2. 无功补偿设备可用率统计表; 3. 终端缺陷统计表 二、报告分析内容 1. 指标完成情况; 2. 电压合格率同比、环比大幅波动,各监测点原因分析; 3. 无功补偿设备运行状况分析; 4. 电压合格率提升措施 三、分析形势 电压质量月度分析会。	每月	生产设备管理部、市场营销部
县级供电企业	一、统计上报的报表 1. 电压合格率指标统计表; 2. 无功补偿设备可用率统计表; 3. 终端缺陷统计表 二、报告分析内容 1. 指标完成情况; 2. 电压合格率同比、环比大幅波动;各监测点原因分析; 3. 无功补偿设备运行状况分析; 4. 电压合格率提升措施 三、分析形势 电压质量月度分析会	每月	生产设备管理部、市场营销部

续表

责任单位	统计分析内容及形式	上报时间	报送单位
客户服务中心	一、统计上报的报表 电压合格率指标统计表 二、报告分析内容 1. 指标完成情况； 2. 电压合格率同比、环比大幅波动；各监测点原因分析； 3. 电压合格率提升措施 三、分析形势 分析报告	每月	市场营销部
变电管理所	一、统计上报的报表 1. 电压合格率指标统计表； 2. 无功补偿设备可用率统计表； 3. 终端缺陷统计表 二、报告分析内容 1. 指标完成情况； 2. 电压合格率同比、环比大幅波动；各监测点原因分析； 3. 无功补偿设备运行状况分析； 4. 电压合格率提升措施 三、分析形势 电压质量月度分析会	每月	生产设备管理部、调度控制中心
市场营销部	一、统计上报的报表 电压合格率指标统计表 二、报告分析内容 1. 指标完成情况； 2. 电压合格率同比、环比大幅波动；各监测点原因分析； 3. 电压合格率提升措施 三、分析形势 分析报告	每月	生产设备管理部
调度控制中心	一、统计上报的报表 电网电压合格率统计表 二、报告分析内容 1. 指标完成情况； 2. 电网电压合格率同比、环比大幅波动；各监测点原因分析； 3. 变电站调压、无功补偿设备投切状况分析； 4. 电压合格率提升措施 三、分析形势 电压质量月度分析会	每月	生产设备管理部
生产设备管理部	一、统计上报的报表 1. 综合电压合格率统计表； 2. 无功补偿设备可用率统计表； 3. 终端缺陷统计表 二、报告分析内容 1. 指标完成情况； 2. 电压合格率同比、环比大幅波动；各监测点原因分析； 3. 变电站调压装置、无功补偿设备装置运行分析； 4. 电压合格率提升措施 三、分析形势	每月	上级部门、分管领导、企业管理部

五、电压合格率波动因素分析与控制

对于 110 kV 及以上电压等级电网，其电压合格率往往较为稳定。而 10 kV 及以下区域配电网，负荷构成复杂，电压合格率波动较为频繁，引起电压大幅波动的因素也较为复杂。不过概括起来一般可以归纳为五个方面，即电压监测失真、电网结构及运行方式影响、调压及无功补偿能力不足和用电负荷因素影响、内部运行管理因素影响、客户运行管理因素影响，如图 5-12 所示。

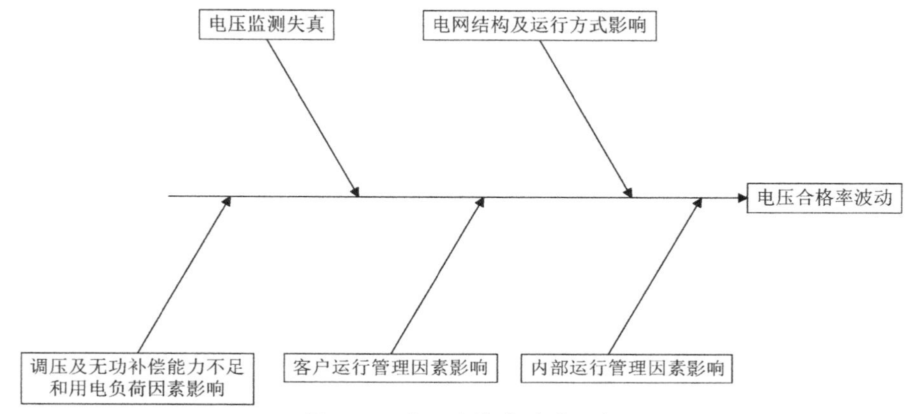

图 5-12　电压合格率波动因素

(一)电压监测失真

真实、准确的电压监测数据是保证电压合格率正确计算及电压质量分析有效开展的重要依据，是企业全面掌握及提升全网电压质量的基础。因此，电压监测失真是供电电压管理工作中必须尽量避免的情况，是供电电压管理的首要工作。

以目前的检测手段和技术装备，电压质量监测数据主要由安装在变电站母线、用户降压站或配电室、配电变压器低压侧和低压用户表前的电压监测仪采集。因此，在排除监测装置允许精度误差这个因素之后，可以把影响电压合格率数据真实性的因素归纳为以下三类：①电压监测装置计量失真；②数据传递失真；③人为调整。

以上三类因素主要是由企业内部管理原因造成，通过对三类影响因素的分析、研究，制定合理的技术及管理措施，最大程度地避免或削弱这些因素的影响，确保电压质量统计数据的真实、准确。

1. 电压监测装置计量失真的分析及控制

影响电压监测装置计量准确性的主要因素是装置质量和安装质量。为确保装置质量就必须严控物质采购、设备校验关。首先，深入开展电压检测装置的缺陷、故障管理，客观、准确地统计和分析各厂家及型号的装置在网运行状况，其评价结果用于指导物质采购计划的制定，确保装置质量合格、运行稳定的厂家获得入网资质，淘汰缺陷、故障频发的装置。其次，严格履行开箱验收的各项程序，在抽检合格的情况下，认真开展每台装置校验工作，确保送至现场安装的各台装置均测试合格，降低运行时期缺陷和故障率。确保装置安装质量需要从装置安装标准、安装人员技能培训和调试验收规范三个方面做好管控，规范管理流程和员工行为，避免失误和违规操作。

2. 数据传递失真的分析及控制

导致电压质量数据传递失真的因素主要是网络信道故障和运维管理不规范。网络信道故障发生的频率并不高，但由于其影响的范围广、恢复时间不固定，若在电压合格率指标计算、统计期发生将导致大部分数据无法按时测算和上报。通过对电压监测装置提出网络安全和数据冻结的要求，可以尽可能地避免这种情况的发生。

通过装置运维管理工作确保装置正常运行、及时发现并处理装置故障及异常，是电压质量数据真实、及时传递的基本保障。规范运维管理，需要明确规定各相关单位职责，制定设备巡视标准，优化缺陷和故障的上报、定级、处置和验收流程和规范。

3. 杜绝人为调整

人为调整电压质量数据是指标测算不准确和导致电压问题分析失误的一大原因，究其缘由主要还是由于相关制度和流程不完善造成的。运行人员未按标准开展变电站电压调整，客户管理人员没有督促用户及时进行无功调节，配网运维人员未按时调整变压器挡位等，这类失误一旦发生造成电压异常均会影响指标，为避免指标考核或确保奖励，部分单位、人员就可能采取调整上报数据或终端数据的行为。为了避免或减少以上失误，必须从技术和管理两个方面加强数据管控；管理上严格执行相关工作标准、管理标准和工作流程标准，更好地规范员工行为，避免随意性。

技术上建设电压质量精细化管理系统，应用信息技术避免失误和违规操作，完善对指标采集、统计测算和分析环节的控制、监督体系。

(二)电网结构及运行方式影响

系统检修运行、N-1 运行、新设备投产后这几种情况下，由于针对电压的调控措施滞后，可能因此发生电压越限事件。

(1)参考可靠性管理指标的管理模式，采用先算后停原则，对电网结构有较大影响的线路、变电站母线停电，枢纽变电站主变停电前电网方式提前计算电压影响，并制定合理的运行方式，调整计划和特殊运行期间电压调整策略，电网调度和运行单位根据电网方式计划在设备停电前进行运行方式调整，在特殊运行方式期间加强电压质量监控，尽量减少结构不完整和特殊运行方式对电压质量的影响。

(2)对电网结构和运行方式影响较大的基建、技改工程竣工投运后，电网方式制定电网负荷调整方案，合理调控电网潮流，在确保电网安全稳定运行的前提下，尽可能提高电压质量。

(三)调压及无功补偿能力不足和用电负荷因素影响

每年根据主网变电站母线电压、配电网台区电压实际运行情况及下年度电网增容改造、网架结构变化和负荷接入测算各变电站、台区所需无功补偿设备容量配置。同时，根据冲击性负荷及谐波源负荷接入情况，开展电网公共连接点电能质量评估，基于负荷特性制定动态无功补偿装置运用方案，提升电网抗干扰能力。

(四)内部运行管理因素影响

(1)加强停电及新设备投产的过程管理，严控检修及施工工作进度，尽量防止延期事件的发生，工作结束后尽快恢复正常运行方式。

(2)重点关注主、配网运行人员电压调控能力，加强电压调控能力培训和运行管控质量考核，督促运行人员及时、正确地开展电压调控工作。

(3)积极采用先进的无功优化软件，合理配置电网无功补偿设备分布，全面测算并配置各电压枢纽点主变挡位值，提高“分层分压补偿、就地平衡”的实际水平，避免、减少无功潮流的不合理流动。

(4)坚持开展低压台区的三相负荷平衡工作，制定低压台区三相负荷测试和调整制度，明确规定监测时段和周期，测试和调整流程并统一记录模板，定期开展检查落实各区供电部门执行情况。在进行三相负荷平衡调整时，力求做到就地平衡，辅以就近平衡。

(5)加强客户接入管理，市场营销部和生产设备管理部加强沟通协调，合理规划、安排用户接入，避免造成电网设备、线路过负荷接入和低压台区三相负荷不平衡。

(五)客户运行管理因素影响

(1)及时掌握用户的用电需求，根据负荷的季节性特性和电网运行方式变化，监督和管理客户开展电压调控，督促用户及时调整变压器挡位，合理投、退无功补偿设备，必要时应及时与电网调度联系，调整电压源电压水平。

(2)加强需求侧管理，平衡发电厂出力和客户用电需求，采取切实有效的经济、技术和行政手段提高负荷率。

六、本节小结

本节运用精益化管控相关理论知识，以一个省级供电企业为研究对象，构建了一个供电电压精益化管控体系。实际的供电电压管理工作，相关的因素要多很多，所以供电电压管理工作比本节内容介绍的内容要复杂得多，本节构建的精益化管控体系可以作为实际供电电压管理工作的实例说明和参考。

第四节　小　结

本章介绍了精益化管理理论和风险管理理论，并以这两种理论为基础，以某个省级供电公司为研究对象，构建了一个基于精益化管理理论和风险管理理论的供电电压精益化管控体系。本章关于供电电压精益化管控体系的内容可以作为实际工作的参考，本章内容的理解和学习需要与供电企业的实际供电电压管理工作相结合，同时要充分考虑供电企业的精益化管理体系和风险管理体系的具体情况。

参考文献

[1] 全国电压电流等级和频率标准化技术委员会. 电能质量 公用电网谐波:GB/T 14549—1993 [S]. 北京:中国标准出版社,1994.
[2]全国电压电流等级和频率标准化技术委员会. 电能质量 电压波动和闪变:GB/T 12326—2008 [S] . 北京:中国标准出版社,2009.
[3] 全国电压电流等级和频率标准化技术委员会. 电能质量 三相电压不平衡:GB/T 15543—2008 [S] . 北京:中国标准出版社,2009.
[4] 全国电压电流等级和频率标准化技术委员会. 电能质量 供电电压偏差:GB/T 12325—2008 [S] . 北京:中国标准出版社,2009.
[5] 全国电压电流等级和频率标准化技术委员会. 电能质量暂时过电压和瞬态过电压:GB/T 18481—2001 [S]. 北京:中国标准出版社,2004.
[6] 全国电压电流等级和频率标准化技术委员会. 电能质量 电力系统频率偏差:GB/T 15945—2008 [S]. 北京:中国标准出版社,2008.
[7] 全国电磁兼容标准化技术委员会. 电磁兼容 试验和测量技术 供电系统及所连设备谐波、间谐波的测量和测量仪器导则:GB/T 17626. 7—2017 [S]. 北京:中国标准出版社,2017.
[8] 全国电压电流等级和频率标准化技术委员会. 电能质量 术语:GB/T 32507—2016 [S]. 北京:中国标准出版社,2016.
[9] 全国电压电流等级和频率标准化技术委员会. 电能质量公用电网间谐波:GB/T 24337—2009 [S]. 北京:中国标准出版社,2010.
[10] 全国电压电流等级和频率标准化技术委员会. 电能质量 电压暂降与短时中断:GB/T 30137—2013 [S]. 北京:中国标准出版社,2014.
[11] 肖湘宁,等. 电能质量分析与控制[M]. 北京:中国电力出版社,2004.
[12] 郭永基. 电力系统可靠性分析[M]. 北京:清华大学出版社,2003.
[13] 马维新. 电力系统电压[M]. 北京:中国电力出版社,1998.
[14] 徐永海,陶顺,肖湘宁,等. 电网中电压暂降和短时间中断[M]. 北京:中国电力出版社,2015.
[15] 王大志. 电力系统无功补偿原理与应用[M]. 北京:电子工业出版社, 2013.
[16] 靳龙章. 电网无功补偿实用技术[M]. 北京:中国水利水电出版社, 1997.
[17] 罗安. 电网谐波治理和无功补偿技术及装备[M]. 北京:中国电力出版社, 2006.
[18] T. J. E. 米勒. 电力系统无功功率控制[M]. 胡国根,译北京:水利电力出版社, 1990.
[19] 王合贞. 高压并联电容器无功补偿实用技术[M]. 北京:中国电力出版社, 2006.
[20] 陆富年. 并联电容补偿[M]. 昆明:云南人民出版社, 1981.
[21] 卢强,王仲鸿,韩英铎. 输电系统最优控制[M]. 北京:科学出版社, 1982.
[22] 熊虎,向铁元,詹昕,等. 特高压交流输电系统无功与电压的最优控制策略[J]. 电网技术, 2012, 36(3):34-39.